陈中来 著

公司不是家

中国环境科学出版社 · 北京

图书在版编目（CIP）数据

公司不是家 / 陈中来著. -- 北京 ：中国环境科学出版社，2012.11
ISBN 978-7-5111-1068-8

Ⅰ. ①公… Ⅱ. ①陈… Ⅲ. ①职业选择—通俗读物
Ⅳ. ①C913.2-49

中国版本图书馆CIP数据核字（2012）第243459号

责任编辑 丁莞歆
文字编辑 张秋辰
责任校对 唐丽虹
装帧设计 金 喆

出版发行 中国环境科学出版社
（100062 北京东城区广渠门内大街16号）
网 址：http://www.cesp.com.cn
电子邮箱：bjgl@cesp.com.cn
联系电话：010-67112765（编辑管理部）
010-67175507（科技图书出版中心）
发行热线：010-67125803，010-67113405（传真）
印装质量热线：010-67113404
印 刷 北京中科印刷有限公司
经 销 各地新华书店
版 次 2012年11月第1版
印 次 2012年11月第1次印刷
开 本 787×960 1/16
印 张 14.75
字 数 170千字
定 价 48.00元

序言

社会和谐在于公司与家的和谐

有一部电视剧我很喜欢，叫《心术》。这个时代讲“术”的很多，讲“心”的不多。很难得陈中来老师的这本书和他的培训讲了很多“修心”的内容，而且观点正面积极，具有相当强的现实引导性，对于矛盾、困惑、压力大的职场人而言具有引领自我发展、管理自我、化解冲突、促进和谐的积极作用。

书中将西方现代管理知识和中国传统文化智慧很好地结合，给人耳目一新的感觉！在这个高度信息化、网络化的时代，每个人都能获取海量的信息，也面临更多的选择和困惑。作者从人性和哲学的高度提出了很多很好的理念和方法，例如承认个体间的差异、尊重差异、形成共识、合作发展；又例如价值观的沟通、相互学习和提升等，都体现了管理“以人为本”的精神。我是搞自然科学的，这本书主要涉及的是人文社会科学，但我发现书中内容暗合易理，符合自然与人类社会中矛盾统一的客观规律。

作者本人既是一个经验丰富的培训讲师，也是一个成功的企业高层管理者；既了解大量中国企业管理的实际问题，又在自己的企业中亲身践行；既掌握现代管理科学知识，又深谙中国传统文化。这本书是作者长期管理培训实践与深入思考的成果，对很多问题都能上升到价值观和方法论层面进行剖析，具有足够的深度和独到的见解，同时亦给出实用的解决方案。全书语言生动、案例丰富，阅读起来有非常畅快的感觉，既提供了操作性强的管理方法和工具，又给人管理智慧的启迪。

我曾经参加过陈老师的系统的管理培训课程，能体会到作者的良苦用心，也能感受到他自身具有的高度的社会责任感。他所宣扬和倡导的东西，对企业管理者树立正确的管理价值观和管理理念起到了积极的引导作用。书的题目是《公司不是家》，很有意思！公司和家恰恰是社会的基本单元，一个人所处的两个基本场所，公司和家和谐健康了，这个社会也就和谐健康了。相信本书的读者一定会在阅读的过程中有所收获、有所感悟，为我们社会的和谐发展作出贡献！

天津大学电气与自动化工程学院 副教授 博士
天津天大求实电力新技术股份有限公司 监事会主席
肖峻

序言

激情感动，责任感召，智慧感悟

作为公司的管理者，忙于事务，少有时间拿捏文字。当陈中来老师邀请为他的新书《公司不是家》写序时，自知寡陋，但我还是很高兴地答应了。

初识陈老师，是邀请他作为我们公司的特聘咨询顾问前来授课。事先对陈老师有过简单的了解，但见到本人后我却有所担心，这么年轻的培训师能带给公司什么？然而，听了他的课，我便逐渐打消了疑虑，公司所需要的就是这样激情四射、观点鲜明、形象生动的培训老师。

在管理中，我经常思考如何优化治理结构、如何更好地发挥团队作用、如何带好自己的员工这些问题。企业关注生产，关注经济效益，但缺乏对管理的深入研究，我们迫切需要能与我们共同面对、共同提高的外部力量，犹如一股清新的风来唤醒沉闷的管理困局。与陈老师的多次交流，受益匪浅，一些观点与我不谋而合。他关于中层管理者能力、领导力、执行力、团队建设等方面的研究给我提供了很多有益借鉴。

陈老师及他的团队之所以能在国内同类培训中获得成功，我粗浅地总结了三点：激情感动受众，责任感召受众，智慧感悟受众。

能让我们最终确定选择陈老师，是因为他的理智、责任和激情，以及带给我们的震撼。陈老师带领的团队，致力于管理学的研究，孜孜不倦，不断推出能让企业实用易学的方法。他客观严谨的态度，生动活泼的课程，能与企业站在一起；他满怀热情，用自己来感染听讲者，带动听讲者思考。他不仅向我们传授了一种观点，更多的是传授了一种思考的方式。企业管理方式不尽相同，需要借鉴新的方法，需要新颖的思路，才能持续发展，这恰恰是陈老师能带给我们的。

陈老师的《公司不是家》一书，以个体的角度，为职场人士描述了如何赢在职场，为各位职场人解决了职业过程中的困惑，为管理者梳理了员工的内心需求，是一本深入浅出、给人无限启发的作品。我觉得无论是对哪个阶段的职场人都是一个很好的借鉴，值得细细品读。我希望各位同仁可以读到这本书，通过对个人职业道路发展的认识，去思考企业管理的问题。

借此机会，我希望代表“汾酒”感谢陈中来老师的付出，他带给我们的不只是培训内容本身，更重要的是引发了我们思考，带给我们思想上的冲击。希望我们能共同携手，实现共赢！

山西杏花村汾酒集团董事长助理、股份公司董事会秘书　刘卫华

序言

用一本书点燃一把火

我和陈中来老师的相识缘自数年前的一次培训。那时，他是先生，我是学生。后来，我们有了不间断的交流与持续的合作。莫逆于心，遂相与为友。

作为一个企业的领头人，常常要去思考的不仅仅是企业的未来规划、宏观发展，更为重要的往往是如何激励员工从平凡走向优秀，从优秀追求卓越。对于选择了这个公司的员工，单单要求他们去完成本职工作是远远不够的，还需要不断地对他们进行引领，引领到用心做人、用心做事、认同文化、共同发展上来。这个引导的过程，也正是对员工的培训和教育的过程。我们江苏欧蓓莎置业有限公司能够在短时间内得到极大的发展，无不印证着这一点。

现代企业所寻求的是利益与责任的统一，而员工则认为能够得到赏识、共享企业的发展成果同样是自己莫大的成功。人人都有一种强烈的愿望：被人欣赏。欣赏他人的过程也就是发现价值或提高价值的过程，企业的管理者就是要不断挖掘、发现和培养那些有价值的人。所以，我与陈老师相处以来得到的颇有感触的心得之一，就是感到应该致力于把企业打造成培养人才的摇篮，打造成人生归途的伴侣，让每个员工都能够充满自信地面对生活，最大限度地去发现和提高他们的价值。

对员工的培训和教育，算是老生常谈的事了，我们也有过很多想法，并进行过多种尝试。而陈老师和他的同事们，为我们量身打造的一系列课程内容，标新了他们所独有的生机和创意。他们的课，不是填鸭式的灌输，也不是虚无缥缈，却如沐春风，撞击着我们的心灵。声、画、情交合，听、演、讲相融，我们所能感受到的就只是如饥似渴的求学。在回味他们的培训和教育的时候，有一种情愫油然而生，那就是他们不是为我们锦上添花，而是为我们雪中送炭。

《公司不是家》这本书，蕴涵着陈中来老师的智慧、情感和愿景，既有着他本人的生活轨迹，也显现着他的一种旺盛、向上、不屈的人格魅力。陈老师年长我一岁，他约我作序，倒让我有些汗颜了。他是我的兄长，我是他的学生。在和他的交往中，在我们企业的发展进程中，我感激他的真诚。我在想，他们的培训和教育以及他的这本力作，不是注满了一桶水，而是点燃了一把火！

江苏欧蓓莎置业有限公司总经理　郑俊军

序言

层层剥笋，方见其里的鲜嫩内核

舞文弄墨，非我所长，但陈中来老师约我为他的新书《公司不是家》写序，我还是欣然应允了。原因很简单，对这样一位激情四溢、饮誉全国的年轻培训师，我应该报以热烈的掌声。

《公司不是家》乍看书名，一头雾水，却很有意思。人们常常挂在嘴边的一句话是“以厂为家”、“以公司为家”、“以 ××× 为家”。试想，一个人在任何团队中谋事，如果没有了“家”的安全感、亲切感、凝聚力和责任感，他能做好本职工作吗？而陈老师却说公司不是家，似乎有些离经叛道。而当拜读完这本书我才恍然大悟，原来他是另辟蹊径，转换角度。

在他的大作中，公司之所以不是家，是因为它首先是一个商业交换的场所。在这个场所中，就不能像在自己家里那样随意和放纵，无拘无束地想做什么就做什么，不想做什么就什么都不做。而在公司这个商业交换场所中，更多强调的是价值交换，人人都要有强烈的责任感和使命感，人人都要为自己的团队发展而自动自发，不断为这个团队创造尽可能多的经济效益和体现自己的人生价值。陈老师可谓用心良苦，他的观点好像剥竹笋一样，只有把笋叶层层剥开才能看到里面包裹着的鲜嫩内核，真可谓“山重水复疑无路，柳暗花明又一村”。

陈中来老师已连续多年为我们广药集团的内训师进行授课。如果说第一次是慕名请他来的，那么第二次就是听了他的讲课以后热切地盼他来的。集团的内训师在听了陈老师的课后，感到最大的收获不仅是直接学到了多少知识点，而是产生了一种我能、我行、我有责任当好一名内训师的感觉和冲动，甚至一个个跃跃欲试，也想像陈老师那样踩着雷鸣般的掌声登上讲台，一展才华。有句话说：一流的讲师卖感觉，二流的讲师卖结果，三流的讲师讲内容。听了陈老师的讲课，我才真正明白什么叫“卖感觉”，通过培训影响一个人的思维方式、影响一个人的习惯、影响一个人的行为，这才是培训的最高境界。这也正是陈老师带给我们的震撼。

我和陈老师见过几次面，每一次的交谈都感到受益匪浅。记得第一次见到陈老师的时候，我心里直打鼓：这么一位年轻帅气的老师讲的课能让听众折服吗？然而，当听了他的课以后，我和我的同事们彻底被征服了。他不仅口才好，思路敏捷，而且观点新，极富哲理，激情洋溢，形象生动……我们不仅学到了知识，如沐春风，更享受着听课的过程。

陈老师也曾给我们谈到，他无论对待员工还是学生都用爱心贯穿始终。也许正是用“爱”作为支柱，他讲的课才能如此生动贴切，才如此情深意浓，才如此扣人心弦，动人神魄。

十年树木易，百年树人难。《公司不是家》一书精辟深刻，寓教于情，寓教于理，催人奋发，耐人寻味。愿天下有志之士将此书作为登山梯，跨河桥，矢志不渝，朝着自己梦想的目标迅跑。

广州医药集团有限公司组织部部长、人力资源部部长　李锦云

自序

很多企业界的朋友都会经常问我这样一个问题：对于职场人而言，什么最重要？什么最关键？

我想，对于这个问题，每个人的角度不同，答案自然也就不一样！但不可否认的是，有一项能力却是每个职场人都应该具备的，那就是独立能力！

很多朋友可能会觉得，这个答案好像有点幼稚，我们早已是成年人并自食其力，难道还不具备独立能力吗？但坦言之，根据我的观察，事实却并非如此，大多数的职场人并不具备这项能力。

“独立”的第一个层面应该体现在我们的身份定位上。只有你知道你是谁，你才能知道你如何成为谁。职场中的一句话、一个动作往往都体现了公司的文化。很多时候，我们做出了一些与职场人不匹配的行为，并不是因为我们缺乏一种自我管理的能力，而是我们不清楚我们的角色、我们的立场，这往往是我们在身份定位上的错位或缺位导致的。因此，我们职场中的大多数人并不具备身份定位的独立性。

“独立”的第二个层面应该体现在自我情绪管理和自我引领上。我们的情绪独立吗？我们经常把我们的情绪交给了别人。领导表扬了你，你非常开心；领导说了你几句，你非常郁闷。这就是我们情绪不独立的表现。请记住：真正伤害我们的不是别人对我们做了什么，而是我们对别人对我们做了什么的选择与反应伤害了我们自己。职场中我们的情绪会无形地影响和传播给他人，如果在这一点上，我们不能实现自我消化和自我引领，我们同样没有真正的独立。

“独立”的第三个层面还体现在我们的原则上。我们有没有原则？肯定有。但是我们的原则独立吗？我们经常在和别人的攀比中失去了自己的原则。工作中为什么会抱怨，因为我们在攀比中觉得自己受到了不公平待遇。为什么别人闯红灯你会不自觉地也闯红灯，那是因为我们没有把自己的原则原则化。

“独立”的最后一个层面应该是体现在我们的能力上。如果我们的能力不够独立，我们就很难在真正意义上建立与他人的合作。如果你认为合作就是与他人建立工作链接、共同工作，那是片面的。基于岗位工作的不胜任、能力不达标而寻求他人的帮助，这种行为并不是真正的合作，而是依赖。合作是基于分工的不同而建立的有效互动。高水平的独立才能带来高水平的合作。

《公司不是家》这本书正是按照这样一条逻辑线进行创作的：

第一章——“公司不是家”和第二章——“职业人的身份定位与身份转化”,就是在培养我们的身份独立。这两章主要回答了“你是谁？”“你应该是谁？”“你代表谁？”“你如何成为谁？”这样几个问题。我想，只有我们的身份定位准确了，才能找到自己在工作中的方向和价值，才能在正确的道路上取得成功。

第三章——“方向对了就不怕路远”，主要是培养我们的情绪独立和原则独立。只有情绪独立与原则独立，我们才能更加理性地思考和改变，才能把阳光带给他人，才能与他人更好地合作与互动。

第四章——“左右逢源的职场互动”和第五章——“做一名合格的下属”，主要是培养我们的能力独立，是让我们具备和养成一套与自我身份定位相吻合的重点能力——互动能力。工作离不开有效的互动，互动能力的建立将大大提高我们在职场工作中的有效性。

第六章——“自我管理与自我引领”，主要讨论的是如何管理自己的现状和引领自己的未来，让过程和结果同样精彩。

由于身份的特殊性，我既是一名讲师、咨询顾问，同时又是公司的管理者。多重身份让我有更多的机会从不同的立场和角度去看待员工与公司的关系，这使得《公司不是家》这本书在立场上遵循了客观性和中立性。本书并非是站在员工的立场上谈如何“搞定”公司，也不是站在公司立场上谈如何“搞定”员工，而是基于双赢思维，站在第三方的立场上来谈员工与公司的关系，让公司与员工实现“双赢”。因此，本书的受众对象并非是公司中的某一群体，而更适用于所有的职场人。

如果你是职场中的普通员工，我期望本书的某些观点让你有所触动，从而在工作中有所影响和改进；如果你是一名管理者，我更希望你能在自己成功的基础上把本书当做一本教练手册，去教练、辅导和引领你的下属；如果你是公司的老板，我同样希望本书的某些思想和观点能够成为贵公司文化中的一部分。

各位伙伴，不管你是通过何种渠道、基于何种动机接触到了这本书，我对你们只有由衷的感谢、感激和感恩，因为这让我们有机会相互接触，这同样是一种缘分。一个人的价值不是由自己的行动决定的，而是由客户的反馈与价值决定的，我期望本书能够丰富和拓展你们的世界观、职业观，这便是我写这本书的意义与价值所在。

至此，请允许我再次表达我的感激之情：我由衷地感谢我的客户，是你们的期望给了我创作这本书的动力；感谢本书的编辑，是你们的大力支持才让这本书顺利呈现在读者的面前；我还要感谢我的团队——中国培训师大联盟的所有同事们，是你们的支持激发了我创作的灵感，最重要的是本书的很多案例都是从你们身上发现的；当然，我更要感激我的家人，我的母亲，我的爱人，还有我两位可爱的小天使——陈思羽和陈乐儿，每当看到你们，我便拥有了激情与希望，是你们两位天使给了我无穷的动力，感谢你们！

最后，期望大家一切都好，很简单，很真诚！

陈中来

2012 年国庆于上海

目录

1 公司不是家

你与公司的关系决定了你的身份定位，
身份定位决定了你的价值观和信念，
信念决定了你的能力和行为，
行为决定了你的结果。

1.1 公司不是家，公司是一个商业交换的场所

在本书的开始，首先希望各位读者回答我两个简单的问题：

- ✦ 如果你已经为人父母，当你的孩子犯了错，甚至是突破了道德底线的时候，你会不会把你们家的孩子淘汰掉？
- ✦ 如果你暂时还没有孩子，我再请教你，当你的父母犯了错，甚至是突破了原则底线的时候，作为子女，你会不会淘汰掉你们家的父母？

我想，答案毋庸置疑：肯定不会！哪怕他们犯了错误，触犯了原则，你也会用另外一种方式进行替代，你的原则很难原则化。

那么我再请教各位：

- ✦ 在公司里，如果员工触犯了制度底线或道德底线，公司需不需要处理甚至淘汰他呢？

答案是：必需的！

请记住：
公司不是家！

我们还可以从另外一个角度来分析：

在家里，家庭成员之间是如何做事的？

答案是：谁有时间谁去做。

在家里，你是怎么花钱的？

答案是：我没有钱，父母有，大家可以一起花，甚至“啃老”。

在家里，彼此间付出的理由是什么？

答案是：没有理由，就是心甘情愿，是基于爱他们，而不是基于交换。

那么反过来请问各位：在公司里，你能做到这些吗？

再次提醒各位：
公司不是家！

很多人问我职场人需要具备什么样的核心能力？我想这个问题的答案不具有共性，没有统一的标准，但是有一项能力却是任何一个职场人都需要具备的：那就是***定位***的能力！

在课堂上，我经常都会用同一个活动来开场——按摩。不仅是因为通过该活动能快速打破界限，建立关系，更重要的是想通过这个活动来讲解身份定位的重要性。员工的培训如此，管理者的培训如此，总裁班的培训同样如此。

活动的操作和解读是这样的：

首先，我会要求每个人把双手搭到前方学员的肩膀上（当然，第一个不需要搭，最后一个没人搭），然后竖起大拇指，把两个大拇指放到前方队友的脖子上，给他们按摩一下。这时候问题就出现了：每个人按摩的手法不一样，力气的大小、认真的程度也不相同，因而前方队友的感受自然也是不一样的。有的没感觉，有的因为后面的人力度过大而选择逃避。每当此时，我都会让大家暂停，并向大家提问：你知道前方这个人和你的关系是什么吗？在他面前，你现在的角色是什么？很多人都会回答：同学、朋友、伙伴、同事……

可事实果真如此吗？

也许在工作中你们是同事，也许在生活中你们是朋友，也许在接下来上课的过程中你们是同学，但是此时此刻，在按摩这一过程中你与前后方队友的角色只有一个：客户与供应商。前方的伙伴是你的客户，后方的伙伴是你的供应商。

对待客户，我们需要的态度是什么？是关注，关注客户的需求。

对待供应商，我们需要的态度是什么？是要求他及时、保质、保量地进行供货，并且要对他的产品进行检查，不合格就退货、投诉或者更换供应商。

因为我们没有跟前方队友进行身份定位，因而我们就不清楚在按摩的过程中我们还需要去关注他们；因为我们没有跟后方的队友进行身份定位，因而我们就不清楚在按摩的过程中我们还可以对他提出要求。

游戏如此，活动如此，工作中我们不是同样如此吗？

有这样一次经历，至今让我记忆犹新。

有一家公司是做网络游戏的，规模中等，有将近300人。也许是行业的特质，这样的公司基本都倡导尊重个性、崇尚自由，公司董事长也是技术出身，和大家平时相处融洽，彼此间称兄道弟，企业文化自然也就比较“人性化”。我曾去考察和调研过一次，从中我发现了一些现象，现在拿出来与各位一起分享：

✦ 当我走进公司的时候，前台小姐并没有站起来和我对话，当我要求拜见董事长的时候，她用手指了指第二道门；

- 当我去往董事长的办公室时，迎面走过来两个员工，他们并没有给我让路，反而还是我给他们让道；
- 在我和董事长洽谈的过程中，有一个员工居然连门都不敲就直接进来，因为这间办公室的门是玻璃的，因此我确信他是知道老板有客人的；
- 进门后，他视我为空气，没有与我打招呼，也没有点头致意，直接跟董事长来了句："哥们，有个事情找你一下……"

我不知道各位现在是什么感受，如果你认为这很正常，是正确的，那我只能告诉你，你和他们的员工是一个水平。我不确定这位董事长应该庆幸团队的活力还是不幸于员工的无知。

究竟是哪里出了问题？

素质？——我确定这家公司的本科毕业生占到80%以上。

能力？——我确定他们在网游领域无论是编代码还是做设计都是优秀的。

我认为答案应该是：***不知道自己的身份定位***，也就是所谓的"无知者无畏"！

因此，现在你也许能理解，在此我之所以说了这么多，目的只有一个：那就是告知各位，如果我们与公司的关系理不顺，就不清楚自己的身份定位应该是什么。

你与公司的关系决定了你的身份定位，身份定位决定了你的价值观和信念，信念决定了你的能力和行为，行为决定了你的结果。如果我们搞不清与公司的关系，那往往就会导致我们在职场中错误地坚持着还浑然不知，甚至还带着点画地为牢后的沾沾自喜。

公司是什么？公司是个商业交换的场所！

大千世界，芸芸众生，每个人都有一个属于自己的家。无论刮风下雨，下班之后总是让人归心似箭，风雨兼程。在家里我们无需太多，只需要一个“爱”字。这个字虽然不能吃，不能喝，但只要有它，天底下再珍贵的东西也会变得黯然失色。在家里，我们可以哭、可以笑、可以闹……因为家的功能就是满足我们的情感需要。

公司是什么？判断一个组织是不是公司，主要分析其是否具备以下两个特征：第一，必须能够给社会提供有价值的服务或产品；第二，要以赢利为目的。不以赢利为目的的社会组织不能称为公司，比如教会，它不是以赢利为目的的，因此不能算作是一个公司。

因此，我们发现：家与公司本身就截然不同。公司必然不是家，这是事实。在家可以随意地坐着、躺着，在公司只能竖起腰板来好好地坐着；在家可以随时吃饭、睡觉，在公司有考勤制度来限制自己；在家可以约朋友开 PARTY，在公司只能约见客户；在家可以随意地和朋友煲电话粥，在公司只能打公事电话；在家可以任性地跟父母或爱人争吵，在公司领导和老板永远是对的，即使你要争辩，也要保证你是抱着“为了工作”的目的；在家可以随意地开 QQ、看网页，在公司我们只能学习，再学习，不断地去充实自己。

下面我有一个亲身经历想与各位分享：

我的一个好朋友有一个漂亮的女儿，就读于一所国内知名大学的热门专业，一毕业就进入了一家非常有名的大公司上班。但是不知道什么原因，做了没多久就辞职了。然后好像中了魔咒，这个女孩子每次都可以很顺利地击败竞争对手进入一些知名公司，但是往往连试用期都过不了就被辞退了，最长的时间也不过两个月。她的父母很着急，她自己也很苦恼，但就是找不到原因。一个偶然的机会，她的父母在与我聊天时说到了这件事，我很感兴趣，于是就约了这个女孩子面谈。

我们是在一个咖啡厅见面的，当时她刚刚从一家公司面试回来。那是一个夏天的午后，她穿得非常清凉，很阳光健康的样子，一脸的笑容，看得出来这次面试的结果一定很不错。我们之间的交流很顺畅，当问到她的工作经历时，她给我讲述了很多，我一直也没发现她的问题所在，因为从她的谈吐和知识结构上看，她是完全可以胜任她的工作的。后来我随意问了一句：“你今天面试，怎么没穿正装啊？”她便开始向我大吐苦水，原来她是那种非常不喜欢被束缚的女孩，喜欢自由、简单、漂亮，所以她很抗拒一些死板的规定，比如工作期间必须穿职业装等，第一份工作就是因为她实在不乐意穿正装而被公司辞退的。因为她的工作能力很强，在实习阶段一天的工作她往往半天便可以完成，剩下的时间她就喜欢在公司给朋友打打电话、发发微博。就这样，很多公司在忍耐她一段时间之后，不得不遗憾地请她离开了。

这就是一个典型的“将公司当做家”的案例。用她自己的话说就是：“我是抱着主人翁的责任感来看待这件事的，我把公司当成自己的家一样。这样有错吗？凭什么呀？”看似有理，其实是非常不职业化的一种说法。这一点，我在后面的内容中会有更详细的讲解。

1.2 公司不仅仅关注你做了什么，更关注你给它带来了什么

公司固然关注你做了什么，但我相信：它一定不只关注你做了什么，而更关注你给它带来了什么？一切请用你的行动和结果来说话！无聊的过程、无聊的细节、无聊的表现不是公司的兴趣所在。

我们已经知道“公司不是家”。你加入一家公司，它支付给你的薪水所采购的不是你的时间，而是你的价值与结果。以前看过一本书，书名起得很有意思，也很一针见血，叫《你能为企业做什么？》。这样一个简单的发问，却问到了我们很多职场人面临的一个普遍问题——公司到底关注的是什么？

我想各位读者中有很多人都是经过多次面试最后选择了现在就职的公司，选择的原因或许是为了有个更好的平台，或许是因为更高的工资，或许是为了稳定、压力小，更或许是因为面试官或老总的个人魅力吸引了你。你可以有一千种理由选择这家公司，但公司选择你的理由只有一个：你现在或者未来所能给公司创造的**价值**。

可是我们有没有思考过：在公司中怎么体现我们的价值？

写到这里，我脑海中有一个非常清晰的画面呈现出来。那是我在给一家汽车销售公司做培训的前一个晚上，新上任的人力资源总监正与我聊着他的一个困惑。之所以叫困惑，是因为这件事情让他经历了一场情感和规则的博弈，这种博弈所带来的矛盾让他至今不解。

他的公司在 3 月份的时候招进来了一批学生做销售，其中的大多数都普普通通，唯独有两位反差非常大，自然结果就不同。小秦出生在农村，自幼家境比较贫寒，上大学的时候也非常勤奋，还勤工俭

学，在面试中被人力资源总监一眼相中。入职三个月以来，无论是总监的观察，还是同事们的反馈，他都是最为勤奋的一个，每天都加班到很晚，总是默默无闻地在工作、在学习，但是不知为什么却总是出不了成绩。每次开会，看到别的同事都纷纷拿出自己的“成绩单”，他感觉很惭愧，接下来就是更加努力，不断加班，总是学习。可惜幸运女神并没有眷顾他，因为一直没有成功地签订一单生意，眼看三个月的试用期就要过去了，按照公司的规定，要么辞退，要么继续试用，于是公司再次给予他机会，将三个月的试用期延长到了六个月，可是六个月过去了，情况依然不好。结果我想各位都能想到，小秦离开了公司，这让杨总感到非常遗憾和困惑，遗憾的是从情感的角度讲，小秦确实是个好人，好同事；困惑的是公司这么做，是不是没有人情味？

和小秦不同的是，这批人中有个小伙子叫小聪，在面试时给总监留下的印象远远没有小秦好，而且从入职开始，小聪几乎从不加班，每天一到下班的时间就收拾东西回家。在小秦白天忙碌着打电话四处寻找客户的时候，小聪却不知道在电脑旁边忙些什么，安安静静的，有时遇到有需求的客户他也总是说自己的经验还不够而去主动请教老同事。一段时间下来，小聪和同事们的关系非常融洽，但同样出不了单。在入职的第二个月，小聪突然请了一周的假，他的主管很喜欢这个年轻人，有点担心他因为没有成绩过不了试用期，而且还要请这么长时间的假，所以在批假的同时也简单地提醒了小聪几句，小聪也没有解释什么。第三个月，小聪却让大家大吃一惊，他接了一个相当于一些老员工二个月销售额的大单子，让主管对他刮目相看。原来小聪用了两个月的时间仔细筛选了一个他自己感觉有可能成功的客户，并把所有的精力都投入其中，而且那一周时间是小聪为了拜访客户才请的假。通过不懈坚持，小聪终于拿下了这个单子。就这样小聪顺利地转了正，而且在这家公司短短一年的时间已经做到高级销售，开始带领团队了。

同样是新人，得到的几乎是相同的机会，对比起来小秦得到的支持还要多一些，付出的努力也要多很多，那么是什么原因导致了他们不同的结局呢？正是他们各自的工作结果。我们不考虑小聪拿到那个大单子是有何种运气的成分在其中，我们需要探讨的是公司这个行为背后说明的本质是什么。

任何一家公司，只有生存下来，才能谈发展，才能谈社会价值，而要生存，首先要活着，要有结果。我希望每个职场人在给自己进行身份定位和方向定位的时候能够做到价值导向而非行动导向、结果导向而非行为导向。

公司不相信苦劳，公司要的是功劳。没有功劳的苦劳往往是在给公司制造更多的成本和泡沫，而且对自己而言，则是在浪费生命和意义。

曾经有位老员工因对公司大裁员不满在网上发了一篇帖子，标题和本章的题目一样都是“公司不是家”。在那篇帖子里我们感受到作者对公司的深情和不舍，同时我们也看到有不少的抱怨，比如：一些部门员工整体被裁，这恐怕是公司历史上规模最大的一次裁员；领导者战略上犯的错，却要员工承担；不管你如何为公司卖命，当公司不需要你的时候，你曾经做的一切都不再有意义；员工和公司的关系就是利益关系，千万不要把公司当做家等。这也是典型的一种“将公司当做家”的思维。以感性的角度看，帖子的作者对公司的感情很让人感动，但是从理性的角度分析，我们身为职场人必须清楚公司需要的结果是什么。公司不是福利院，不是养老院，一个公司要保持长久的竞争力和发展必须要有壮士断腕的勇气和魄力，即使这些勇气和魄力显得有些冰冷，还有些血淋淋。其后公司总裁在对这篇帖子的回复中也讲到了这一点："一个公司应该遵循的最根本原则就是发展，只有发展才能做到为股东、为员工、为社会几个方面负责；而从发展的角度出发，公司就必须上进，内部就必须引进竞争机制。员工在公司既要有感到温馨的一面，更要有奋勇争先而感到压力的另一面，因此不能把公司当成一个真正意义上的家是必然的。"

无独有偶，还有一家公司因"大规模集体辞职"事件而被外界传得沸沸扬扬。该公司要求包括总裁在内的所有工作满 8 年的员工都要主动办理辞职手续，竞聘后再与公司签订 1 ～ 3 年的劳动合同；废除现行的工号制度，所有工号重新排序。此举一出，舆论一片哗然，各大媒体争相报道。那么这真是一个"过河拆桥"的公司吗？该公司总裁经常挂在嘴边的词汇中有一个是"沉淀"。在他看来，一个组织时间久了，老员工收益不错，地位稳固，就会渐渐地沉淀下去，成为一团不再运动的固体：拿着高工资、不干活。因此他爱"搞运动"，他认为将公司保持激活状态非常重要。

以上两家公司在发展的不同时期不约而同地选择了类似的战略，其中最重要的原因之一就是：公司真正关注的不是过程，不是你的表现，不是你的细节，而是**结果**。

公司采购了你，并非是采购了你的时间，而是采购了你的价值，而这份价值不单指向你工作的过程，更指向你工作的结果。

即使对于一名新到的同事而言也是如此。也许作为一名新人，你的能力还不足以直接贡献什么，这时候你的价值往往是给公司带来一种希望，用你今天的付出、激情、学习力告诉你的公司，你是一只潜力股，你是值得他们为你投资的。

1.3 你有选择的权利和机会，但要对你的选择承担责任

我们是如何加入现在这家公司的？是我们双向选择的结果。公司选择了我们，我们同时也选择了公司。公司选择了我们，所以公司需要为他的选择承担责任，比如要按时给我们劳动报酬，要给我们支持，给我们必要的保障措施，还要给我们提供必要的培训来提升我们的能力，这些都是公司应该履行的责任。而我们选择了公司，同样也要对公司负有责任和义务，比如遵守公司的各项制度，按时上下班，按时保量完成公司交给我们的任务等。

在我们身边总有这样一群人，抱着“此处不留爷，自有留爷处”的心理在不断地跳槽，这种人也常常被称为“激跳族”。其实他们自己也很迷茫，甚至有时候也在问自己：为何一份工作总是干不长久？为何总是在不停地跳槽、换工作？其实这个族群的心理状态简单来讲就是一个词——“逃避”。你可以仔细看一下这个族群的跳槽理由：老板太挑剔、同事关系差、任务重、压力大。有这样一个案例，两个本并不相识的90后去找工作，在等待面试时彼此熟悉，后来在生活中也变成了很好的朋友。他们两个同时被这家公司录取，这本来是个皆大欢喜的结局，但是两人进公司的第一天发现竟然不在同一个部门，于是马上申请要求调换部门，主管当然不会同意，于是两个人就一同辞职了。如果遇到这样的员工，公司是不是该哭笑不得？这其中到底缺乏的是什么？是责任，是一种成年人应该具有的责任感，是你对社会的一种责任感。

你有你选择的权利，但是你需要对你的选择承担责任。

如果把我们每一个个体都看做是一个经营实体，那么现在我们供职的企业就是我们的客户，就是我们的“衣食父母”。在郭德纲的相声中我们最常听到的一句话就是“感谢我的观众，感谢我们的衣食父母”，这其中表达的不仅仅是一种感恩的态度，更重要的是一种对“衣食”负责的姿态。

以前在给一家 IT 企业讲课时，一个人力资源经理给我讲过这样一件事情，他说他曾经给自己的部门招聘过一个人，我们暂且称她为“小小”。小小曾经在猎头公司待过，也在其他企业做过招聘工作，在招聘方面是有一定的能力和办法的，因在猎头公司感到压力太大而希望换一份稳定的工作。起初她面试的时候因为综合能力测评无法通过而没有复试的机会，是主管招聘的经理看中了她是个比较善于沟通的人，特意帮她争取了总经理复试的机会，她才得以加入这家公司。

小小入职以后，原想公司的招聘量远远不能和猎头公司相提并论，可是没料到的是这家IT公司招聘量非常大，而且招聘要求又很高，不是很容易就能招聘到人的。当时她已婚已育，孩子才三岁，每天都要等她回家照顾，因此她的心早就不在工作上了。

经理照顾她有孩子，不留她加班，但希望她能把工作做出结果。

小小答应得非常爽快，每次都说回家哄孩子睡着以后就筛选简历，可是等孩子睡着了，她自己也困了，就放到第二天再做。可是细心的经理在网站上浏览简历时发现过了一个星期下载的简历量没有什么变化，于是知道小小没有履行她的承诺。

面对公司巨大的招聘量和业务部门紧迫的用人需求，经理天天加班来完成工作，可是小小却每天都有各种理由下班就走，今天是丈夫过生日，明天是自己要去买礼物送给婆婆，后天是儿子在家没人照顾，经理都准许了，但同时也提醒了小小公司考核工作成果的严肃性，希望她能加紧努力，不要因为招聘业绩不佳而不能通过试用期。

到了月末，经理和小小核对岗位招聘结果的时候，小小极力辩解自己没有招聘到人不是没有努力，是客观因素的影响，但是经理不接受她的理由，最终还是决定辞退了她。

案例中的小小被辞退是因为能力不够吗？显然不是。她既然能胜任猎头的工作，那么说明她的工作能力是没有问题的。被辞退只能说明她对于自己的工作不负责任，对自己的选择不负责任。我们在现实工作中也常常看到这种情况，一些已经具备了很强的工作能力，也拥有了几年工作经验的职场“老人”，在选择下一份工作的时候往往出现了不应该出现的“消极怠工”的情况，他们本身的技能没有任何问题，他们的问题在于对自己的选择缺乏一个负责任的态度，也就是我们后来会讲到的逻辑六层次中的价值观与信念出现了问题，而其中最根本的原因则是对工作没有愿景，也就没有清晰的身份定位。

在我的公司里，每次面试的时候，如果我发现对方满足了公司的要求，我往往并不会给予面试人一个爽快的结果，让他立即来公司报到或上班，而是告诉他：“现在我可以明确地告诉你，你是符合我们公司需要的，换言之，公司现在已经选择了你，我们同样会为我们的选择承担责任，但是接下来，我不希望你立即答复是否来这个公司，你需要想清楚一些问题，然后给我短信确认是否加入我们公司，我们再安排下一步的报到和培训。这些问题是：你认同今天我和你聊的企业的核心价值观吗？你认同刚才跟你聊的工作内容吗？你还有很多面试的机会，需不需要更多地去了解一下？等你把这些问题都想明白了，并且还是愿意到我们公司来，请你给我发一条短信，我安排你来上班。”

这样做的结果是什么呢？有 1/4 的人最终都没有来到我们的公司，也许各位会觉得这很遗憾，遇到合适的人应该马上把他留下来。但是我要说的是：我并不因此感到任何遗憾，反而还很庆幸，因为我相信即使这样的人加入了我们的公司，他也不会待长久的。

我之所以这样做，其实是不希望面试人基于感觉来到我们公司，而是真正地基于认同、基于渴望、基于自身价值的实现来到我们公司。现在有很多人，面试前没有真正问清楚自己需要什么，在求职时并没有明确的目标感，仅仅凭着感觉来做决策，结果来到了公司，发现有很多的压力和不认同，于是又选择了下一个公司，这不仅是对自己的不负责，也是对别人的不负责，这是“双输”。

再次说明：
你有你选择的权利，但是你需要对你的选择承担责任。

选择一家公司、一份工作的同事就意味着你选择了一份承诺、一份合同、一份责任。基于这些，我们应全力以赴，专注、专心、专一地去履行职责，把工作做到细致。不仅如此，工作中我们还需要对自己说出的每一句话承担责任，这一点我们可以称为“诚信”。

还记得2010年的一个例子。我们公司和某公司进行了一次培训合作，这家公司主管培训的经理是一个性格非常强势且讲究效率的人，在培训结束的第二天，就要求把评估报告的统计结果给她，而我们公司一般承诺客户的是3个工作日内给电子版统计结果，7个工作日内给书面评估报告。第二天下午4点左右，该公司培训经理就给我打了电话，投诉我们负责他们公司的培训顾问。我在电话里明确地告诉他：如果我们的培训顾问承诺过今天给你，我一定会处罚他；如果没有承诺，这也是他的问题，因为他之前没有和你说清楚我们的规定。

到了公司以后，该培训顾问就主动来找我认错，并且期望我提出处罚办法。从他脸上僵硬和充血的表情中，我能看得出来，他也受到了很大的刺激，我并没有急于给他任何处罚，只询问了两个问题：

✦ 你是否承诺客户培训结束的第二天就把评估报告给他？

✦ 你有没有在电话里和客户去抱怨和争吵？

如果上述两个问题中有任何一个答案是“是”的话，这都是死罪。道理很简单，如果你承诺过却没有做到，这既是对自己的选择不负责任，更是一种不诚信的表现；至于第二条则更简单，和客户抱怨和争吵那是“双输”中的“双输”。

1.4 当你发现你的身边有问题存在，这就是你存在的价值

鲁迅先生在一个世纪之前，用手中的笔入木三分地揭示了中国人的劣根性，像匕首，像投枪，深深地刺痛了国人的神经，同时也唤起了一些国人的觉醒。我今天写这本书，不敢奢望能像鲁迅先生一样唤醒当今中国的职场人，但我心中还是有点小小的企盼，希望能为一些迷茫的朋友带来哪怕一丝微小的震动，如果能达到这样的效果我就很欣慰了。

接下来我要讲的是当今职场中职场人最大的劣根性——自以为聪明能很快地发现公司的问题，但是从来不想着解决这个问题，仿佛与自己无关，而只是看着这个问题的发生，或是漠不关心，或是只会抱怨，却从不行动，从不试图在自己的能力范围之内哪怕做出一点点的努力。

小王和小曾都是毕业于某知名大学的硕士生，他们同时应聘到了一家软件开发公司，在经过试用期后，他们淘汰了其他竞争者，正式成为该公司的一员。由于这家公司将大部分的精力投入到了软件开发上，因而忽视了企业文化建设，导致公司的员工没有归属感，在一位高管被竞争对手挖走之后，小王感到了沮丧，他在一位同事的生日聚会上向大家抱怨，觉得待在这样的公司没有什么远大的前景。而小曾在听到小王的抱怨后，认识到这是因为公司没有形成自己的内部文化的原因。于是，他利用一次公司年会的机会，委婉地向前来敬酒的副总提出了自己的想法——从管理层开始，推广公司的核心价值观，并要求高管开始以身作则，践行核心价值观，这样，员工就会在

一定程度上模仿和学习，长此下去，就会形成公司的核心文化。这件事情以后，这位主管软件开发的副总便开始关注小曾，三个月以后小曾调到了办公室当副主任，主管文化建设和推广，而只会抱怨的小王，依然供职于自己最初的部门。

没有问题的公司是不存在的，因为问题本身就是发展和成长中的必需品，关键是：你看到的是不是问题？你看到的问题的深度有多少？你看到的问题是停留在问题层面还是停留在解决层面？

生活中，我们经常抱怨自己没有机会，其实在我看来，问题本身就是机会。

问题是什么？我的答案是：

- ✦ 问题是信号：是提示你解决的信号。
- ✦ 问题是方案：问题本身就给你提供了方案。
- ✦ 问题是动力：问题的产生是需要你去做而不是需要你去逃避的。
- ✦ 问题是成长：人的成长是需要挫折式体验的，问题让我们有了面对挫折的机会。
- ✦ 问题是目标：每一个问题出现的背后都有几个目标需要我们去实现。

……

请记住：
每一个问题的背后都有若干个目标存在，我们需要从关注问题走向关注目标。

如果你感觉到自己有一个问题，每次见到领导都会紧张，这背后可能存在的目标是：

✦ 需要提升你的自信心；
✦ 需要在与领导沟通前有更多的准备；
✦ 需要主动与你的领导沟通；
✦ 需要更多地了解领导的沟通风格；
✦ 有些之前与领导的误会需要消除；
……

如果你发现自己有一个问题：总是需要经常加班来完成工作，这背后可能存在的目标包括：

✦ 你需要更好地管理你的时间；
✦ 在行动前先确定哪些事情是重要和紧急的；
✦ 你需要更多地去授权给他人；
✦ 你工作的方法需要调整；
✦ 你需要与你的领导沟通是否需要在团队中加人；
✦ 当别的同事提出帮助时，你可能需要敢于拒绝；
……

西部淘金淘出的牛仔大王

牛仔大王李维斯的西部发迹史中曾有这样一段传奇：当年，他像许多年轻人一样，带着梦想前往西部追逐淘金热潮。

一天，他突然发现有一条大河挡住了他西去的路。苦等数日，被阻隔的人越来越多，但都无法过河。于是陆续有人奔向上游、下游，绕道而行，也有人打道回府，更多的则是怨声一片。

心情慢慢平静下来的李维斯想起了曾有人传授给他的一个“思考制胜”的法宝，就是这样一段话：“太棒了，这样的事情竟然发生在我的身上，又给了我一次成长的机会。凡事的发生必有其因果，必有助于我。”

于是他来到河边，“非常兴奋”地不断重复着对自己说：“太棒了，大河居然挡住了我的去路，又给我一次成长的机会。凡事的发生必有其因果，必有助于我。”

果然，他真的有了一个绝妙的创业主意——摆渡。没有人吝啬一点小钱坐他的渡船过河，很快，他人生的第一笔财富居然因大河挡道而获得。

一段时间后，摆渡生意开始清淡。他决定放弃，并继续前往西部淘金。来到西部，四处是人，他找到一块合适的空地，买了工具便开始淘金。

没过多久，有几个恶霸围住他，叫他滚开别侵犯他们的地盘。他刚理论几句，那伙人便失去耐心，对他一顿拳打脚踢。无奈之下，他只好灰溜溜地离开。好不容易找到了另一处合适的地方，但是没过多久，同样的悲剧再次重演，他又被人赶了出来。在他刚到西部的那段时间，曾多次被欺侮。

终于，最后一次挨打之后，看着那些人扬长而去的背影，他又一次想起他的“制胜法宝”：“太棒了，这样的事情竟然发生在我的身上，又给了我一次成长的机会。凡事的发生必有其因果，必有助于我。”他真切地、兴奋地反复对自己说着，终于，他又想出了另一个绝妙的主意——卖水。

西部不缺黄金，但似乎自己无力与人争雄；西部缺水，可似乎没什么人能想起它。不久，他卖水的生意便红红火火。慢慢地，也有人参与了他的新行业，再后来，同行越来越多。

终于有一天，在他旁边卖水的一个壮汉对他发出通牒：“小个子，以后你别来卖水了，从明天早晨开始，这儿卖水的地盘都归我了。”他以为那个人是在开玩笑，第二天依然来了，没想到那家伙立即走上来，不容分说便将他一顿暴打，最后还将他的水车也一起拆烂。李维斯不得不再次无奈地接受现实。

然而，当这家伙扬长而去时，他却立即开始调整自己的心态，再次强行让自己兴奋起来，不断对自己说着：“太棒了，这样的事情竟然发生在我的身上，又给我一次成长的机会。凡事的发生必有其因果，必有助于我。”

他开始调整自己关注的焦点。他发现，对于来西部淘金的人来说，衣服极易磨破，同时又发现西部到处都有废弃的帐篷，于是他又有了一个绝妙的主意——把那些废弃的帐篷收集起来，洗干净。就这样，他缝制了世界上第一条牛仔裤！从此，他一发不可收拾，最终成为举世闻名的“牛仔大王”。

在我们的身边总是生活着三种人，这三种人面对问题的态度是迥然不同的，结果自然也就不同。

第一种人：以问题为导向的人

这种人的显著特点是：把问题当障碍，因此他们或逃避或搁置。他们不是没有目标，而是当问题出现的时候，他们总是把问题当成了问题，他们总是希望在完成目标的路上能够一帆风顺，于是，就陷入“出现问题—逃避问题—选择离开”的怪圈中。当面对问题的时候，他们更多地把目标暂且搁置一边，也许此时对他们而言，问题就是他们的目标，因此很多人会逃避问题，选择另外一条路。殊不知，选择变了，方向变了，离他们的目标就会越来越远。到最后，他们便开始抱怨：“这不是我的错，如果没有这么多问题，我也不会……”“不是我的问题，是目标本身就不现实……”这种人在我们的生活中不在少数，至少占30%左右吧！

第二种人：以解决问题为导向的人

这种人的显著特点是：当问题出现的时候，他们并不会选择逃避，而是直接面对问题并且会毫不犹豫地去解决问题。然而可惜的是，他们在解决问题的过程中，没有发现他们想要的目标是什么，只关注于问题的解决而忽略了目标的做法往往让问题的解决成为假象，有时候不但没有解决问题，甚至还会制造出新的问题。比如，你工作忙碌了一天，下班回家，看到你的太太在玩电脑却并没有给你做饭，这时你发现问题来了，于是你选择了向她发脾气和抱怨。这样往往是以解决问题为导向的，其结果是在解决一个问题的同时制造出一些新的问题。这时候也许你的太太会进行反击，与你争吵起来。你会发现，这并不是你想要的。

比起以问题为导向的人，这些以解决问题为导向的人的最大进步是不会选择逃避，但美中不足的是：在解决问题的过程中，往往忽略了目标，往往是效果给效率让路。让路的结果是：问题的解决只是假象，后期会有更多更难跨越的问题存在。这种人是这个社会的主体，不夸张地说：至少有 50% 的人是生活在这一状况中的。能源问题的解决办法之一是核电；北京交通拥堵问题的解决方案是限号；房地产泡沫过大的解决办法是货币紧缩……这些都是活生生的例子。

第三种人：以目标为导向的人

这种人的显著特点是：不会恐惧问题，他们会客观地看待和接受问题。问题是什么？他们相信问题只是人的主观感受，问题的出现是有些事情需要你去做而不是你不去做。这类人最大的特点是：当他被众多问题缠绕和包围时，他们会根据目标问自己：哪些是问题，哪些不是问题？他们同样会发现和看到：问题是通往目标的必然，因此他们会勤奋、坦然地解决问题，这些人是典型的结果导向型的人，而且是绝对成功的结果导向型的人。在处理问题的同时，不但紧盯目标，还会不断地对解决方案进行评估，防止方案的背后会有更多新问题的产生，他们考虑的并非是效率和效果谁给谁让路的问题，而是怎样才能实现最大化。

问题不可怕，可怕的是我们真的把问题当成了问题，可怕的是我们对待问题的态度。生活中，我们总是恐惧问题，我们经常在问题出现的时候喜欢去划清界限："这是他的问题"，"这不是我的问题"，"如果不是他……我也不会……"其实，我们不知道，当我们说出这句话的时候，机会往往正在和你说再见。因此，我希望更多的人正视问题、善待问题、珍爱问题、拥抱问题、亲吻问题，因为问题是我们成长的必需品，问题是我们每个人成功路上的伙伴。

最后，用我在课堂上常用的三句话来做一个总结：

- ✦ 当你发现自己有问题的时候，这是一件很值得庆幸的事，因为你已经知道了接下来的行动方向；
- ✦ 当你发现身边有问题存在的时候，同样还是要恭喜你，因为这就是你存在的价值；
- ✦ 当然，如果你觉得身边的人、身边的事都是问题，那么我要很遗憾地告诉你：这就是你最大的问题所在。

2 职业人的身份定位与身份转化

一个人五年以后的样子，
不是五年以后才决定的，
而是由今天的选择决定的！
眉毛上的汗水，眉毛下的泪水，
你总得选择一个。

2.1 职业人的最高境界是忘掉自己

你也许还不知道，每天早晨当你一踏入公司，一穿上工装，你已经不再属于你自己了。你属于你的公司，属于你的客户。从这一刻开始，为他们创造价值才是你存在的理由。

作为一名职业人，你在职场中至少要扮演如下四种角色。

角色一：你是公司品牌和形象的代言人

也许很多人认为：代言公司的形象，那是明星大腕的事情。但事实上，你才是你所在公司的形象代言人。我们可以想象一下：假如你的工作是前台接待，某一天有一个重要的客户——当然也许你并不知道是重要的客户——致电到你的公司，你接起电话，语气中透露着不耐烦，语调中显示着冷漠，那么这个客户会有怎样的印象呢？也许，他连你的名字都不知道，但是他已经认识到你们是一家怎样的公司。

因此，我每一次和公司负责人沟通的时候，都会有这样一个建议：公司有两个非常关键和重要的岗位一定要重视——前台和司机，之所以说重视，是因为平时大家可能不会在意这两个岗位，因为这两个岗位才是最先与客户接触的。

我有一个习惯：每次去外地讲课，有司机来接我，我总是喜欢坐在副驾驶的位置上，即使我带了助理，也要坐在副驾驶的位置上，这样不仅是表达平等、信任与尊重，更重要的是我能与司机聊天。通常，我会问几个简单的问题：公司有多少人？发展得怎样？你对公司满意吗？你觉得公司最大的问题在哪里？我经常听到司机在我面前大倒苦水，公司到处都是问题，领导也不好，工资还很低，流动率很大……当然，我的出发点是为了了解公司的一些情况，但与此同时我又在想：如果今天我不是老师，而是一位客户，那么我会作何感想呢？

角色二：你是公司企业文化与精神的践行者与传播者

有一次我去一家公司授课，为了让课程更贴近公司的实际，在授课前我需要该公司提供给我至少三个案例。与我沟通的培训负责人很爽快，说三天之内一定会发给我，然而在苦苦等待了一周以后我还是没有收到案例。于是我只好致电给他，当然我得到了他的致歉和又一番承诺。最后，仍然通过我接连几次的跟催，他才最终在授课的前一天把案例给了我，却还不是我要求的三个，只是一个而已。

如果你是我，你该如何看待这个事情呢？

你能够相信他们公司核心价值观的第一位竟然是诚信、第二位是效率吗？

每个公司都有自己的核心文化、核心价值观，然而，企业文化需要的不是空洞的口号，而是实实在在的践行。作为职场中的你，就是你所在公司的文化价值能够实实在在落地的载体，你的每一个行为都是公司文化的体现，客户感受到的文化比看到的口号更重要。

在我的印象中一直有一个画面很深刻，那是 2008 年第 29 届奥运会中刘翔退赛时的一个背影。那天，我正在给某公司的处级干部做培训。中午下课时我在教室收拾电脑，一位学员光着膀子跑了过来，大声对我说："陈老师，告诉你个不幸的消息，刘翔退赛了。"后来，我就在网上看到了那张他退赛时的照片。

对于刘翔退赛这件事情，我们今天看来都能表示理解，毕竟刘翔近年来的表现让我们都非常满意，但是退赛当天我记得在网上几乎引起了公愤，甚至有“即使死，也要死在跑道上”的极端评论。作为一个运动员，身体不适为什么不能退赛？我们之所以放大了刘翔，是因为他在我们乃至全世界人的眼中是中国精神的代言人，他身上的自信、坚毅、不屈都是中国文化的一部分。

角色三：你是一名生意人

永远记住：在职场中，你是一名生意人。会做生意的人往往把3元钱的产品标价5元卖给客户，客户觉得值，商家还挣了钱，实现了“双赢”。作为职场人，你与公司的关系同样是一种交换关系——公司不是家，公司是一个商业交换的场所，而你所交换的产品并不是你的时间，而是你的结果与价值。因此，在我个人的信条中，有这样一句话：我最幸福的事莫过于不断地在被别人利用着，因为那样会让我觉得很有价值。

我经常问我的学员：公司为什么选择你？答案很简单：公司采购的并非是你的时间，因为时间并不一定会值钱，公司采购的是你的价值与贡献，而你的价值则需要通过你的结果来进行交换。

我同样会用这样的问题问我的新员工：今天公司和你合作的理由是什么？你在拿什么与公司交换？你的产品又是什么？对待新同事，我的答案是：你的产品是希望，你需要给公司以希望，因为今天你还达不到公司的要求，但是你需要让公司对你的明天抱有信心，而你的态度、学习力、勤奋往往就是你的产品。

角色四：你是公司的一名员工

既然你是公司的一名员工，那么就需要做到以下三个以“zhong”为始：

- ✦ 以"终"为始——这个"终"指的是终点、方向，就是说我们在工作中所有工作的方向都不能偏离公司的愿景、战略和目标，应该保持与公司一致的方向去工作；
- ✦ 以"中"为始——这个"中"指的是中心，公司的制度和原则就是我们工作的中心，我们需要围绕并在框架下行事，遵守制度、遵守原则去工作；
- ✦ 以"忠"为始——这个"忠"指的是忠诚，忠诚于谁？很多时候我听到的答案都是忠诚于公司、忠诚于老板，在我看来，一个对自己的选择忠诚的人就是对公司、对老板、对他人最大的忠诚。

2010年7月，我去南方某城市讲一场公开课，那天来听课的人很多，达到了近600家企业，有1400余人。课间休息时，我和一个小伙子聊天，我问他：你是哪家公司的？结果他告诉我："陈老师，别提我们那家破公司了！"我在想：既然是一家破公司，你为什么要去呢？答案只有一个，你本身就不及格。

我们每个人今天所做的一切都是过往的你选择的结果，你是如何加入你的公司的？当然是双向选择，公司选择了你，你也选择了公司。公司需要给你提供必要的办公场所和办公设备，需要给你发工资，需要给你上各种社会保险，需要让你休息，这是公司对于它自身选择的忠诚；我们既然选择了公司，同样也需要忠诚于我们的选择，工作中不抱怨、不攀比，这样我们才能够全力以赴而非尽力而为地把工作做好、做到位，这就是我们对公司的忠诚。

2.2 在职业化的发展中，你必须做到的四个角色转换

角色转换一：从个性导向向共性导向转变

20 世纪 80 年代以前，人们生活在共性的年代下，那个年代比较提倡学习榜样。榜样，其实就是现代企业提倡的一种管理模式，即标杆对接管理，或称同业对标管理。在那个年代下，社会人学雷锋，职场人学焦裕禄，提倡一种共性。

而随着改革开放的深入所带来的物质回馈以及计划生育政策的影响，如今 90 后出生的群体更多地已经开始从共性走向个性，他们已不再学习榜样，而是开始崇拜偶像。今天的社会充满了个性化，人们形成了以自我为中心的价值观。但是你要知道：公司需要的首先是共性，一个优先于个性的发挥而忽略共性的公司是不存在的。我们所在的公司鼓励的是：在共识的基础上去发挥你的个性，而不是任由你个性的发挥而忽略了对公司的贡献，所以先请你学会共识。没有共识的个性会让我认为你是对公司的挑战。什么是公司的共性？公司所提倡的企业文化、潜在文化、制度、流程这些都是公司的共性，需要我们优先去遵守和执行。

角色转换二：从性情导向向职业导向转变

黄健翔，是大家熟悉的前央视体育频道的著名节目主持人，也是一个非常有才华但在职场中又非常关注自身性情的人。他的多次解

说危机都源于把自己完全置身于一个球迷而非解说员的角色。球迷可以充分展现自己的性情，喜欢说什么就说什么，喜欢哪个球队就支持哪个球队，完全是一种情绪的表达，但作为一名知名的解说员，职业性却要求他必须中立和客观。

2001 年世界杯预选赛，中国客场对卡塔尔的比赛中，由于黄健翔对中国队主教练米卢提出尖锐的批评，引起众多球迷的强烈不满，并因此受到央视领导的点名批评。对于那场比赛，米卢用兵策略的对错已无从考证，但当时他在中国球迷心中正急速向“神话”的巅峰上升，任何挑战米卢权威的行为都意味着“冒天下之大不韪”。而同样处于个人职业生涯辉煌期的黄健翔恰恰忘记了这一点，他太自信，太主观，太性情，也太随心所欲，结果重重地跌倒，跌得头破血流。这是黄健翔解说生涯中第一次重大挫折。从卡塔尔回国后，黄健翔连续休假两周，这期间，第一次传出了黄健翔从央视辞职的传闻。

2006 年 6 月的德国世界杯，因为一场原本与中国无关的比赛，黄健翔的激情却“习惯性”失控，他在解说中兴奋过了头，结果再次为自己惹来大麻烦，严重性远远超过了五年前。

以下是他当时的解说词（根据现场解说录音整理），由此我们可以看出他是一个多么以性情为导向的人：

“格罗索被放倒，意大利获得点球，托蒂，布冯，过他，进入了，亚昆塔，点球！点球！点球！格罗索立功了，格罗索立功了！不给澳大利亚队任何的机会。他们可以提早回家了！伟大的意大利的左后卫！他继承了意大利的光荣传统。法切蒂、卡布里尼、马尔蒂尼在这一刻灵魂附体，格罗索一个人代表了意大利足球悠久的历史和传统，在这一刻他不是一个人在战斗，他不是一个人……”

在解说到托蒂罚进点球时，黄健翔高喊：

“点球进了，澳大利亚队可以回家了，意大利没有再输给澳大利亚队。伟大的意大利的左后卫！马尔蒂尼今天生日快乐！意大利万岁！伟大的意大利，意大利人的期望，这个点球是一个绝对理论上的决杀，绝对的死角。意大利队进入了八强！这个胜利属于意大利，属于卡纳瓦罗，属于布冯，属于马尔蒂尼，属于所有热爱意大利足球的人！澳大利亚队也许会后悔的，澳大利亚队该回家了，也许他们不用回遥远的澳大利亚，他们不用回家，因为他们大多数人都在欧洲生活，再见！（这时，隐约从电视里传来“你们滚蛋吧”的声音，由于央视一般一场比赛只有一个人在解说席，因此有人猜测声音可能来自黄健翔。）

作为一名体育解说员，失去了中立性就意味着失去了一个解说员最基本的职业素养，解说员在现场一定要客观地报道他当时的所见所闻，尽可能多地提供一些信息，让观众自由评说，而不是自己随意评说。毕竟，萝卜白菜各有所爱，解说员一旦个人色彩太浓，至少会得罪一半观众。

同样，作为一名职场人，我们不属于自己，而属于这个角色和立场，因此，我们需要做的是职业导向。职业化的最高境界是什么，是忘掉自己，一个忘不掉自己的人在职场中是做不到客观与中立的。

角色转换三：从思想导向向行动导向转变

曾经有一部电视剧叫《龙年档案》，主演张丰毅饰演的是一位市长，名叫罗成。其中有一段剧情让我至今印象深刻：罗成所在的天州市黑三角天州煤矿发生一起特大渗水事故，200多名矿工被困井下，生死未卜。面对灾难的发生，罗成果敢地组织抢险，想到了一个解决方案，但该解决方案的成功率不到10%，需要用10多个人下井去营救200多个工人。当罗市长站在煤场外高呼：“有敢执行危险任务的嘛？”下面的回答非常一致：“有”！但是当要求自愿下井的人举手时，整个煤场外几百号人没有一个举手。最后，罗市长说：“我算一个。”这时下面的人才纷纷举手，愿意下井。

从这段故事情节中我们发现了什么？

任何一个想法光想到还远远不够，重要的是以身作则，带头去做！在公司里，我们不缺乏思想导向，但是我们缺乏行动导向。有时候，甚至我们也不太缺乏行动导向，而是缺乏行动到位的精神。

这里有两个我在讲课中常常会碰到的情景。

情景一：我在授课时经常有人告诉我，他们公司太需要培训，太需要辅导。于是我不禁会问：能告诉我一些公司中存在的问题吗？你会发现一个很有意思的情况，他们会告诉你一大堆的问题，上至老板战略的问题，下至员工责任感的问题，横向到其他部门的配合问题……可是，我偏偏听不到他自己的问题。这叫什么，这就叫“抱怨”。

情景二：很多公司在开会时并不是真正以目标为导向，甚至连以解决问题为导向都谈不上，总在提问题，但是你仔细听，会发现提的往往都是别人的问题，自己的问题呢，全然不提。

在我的公司中，我经常会这样来评价员工：

- ✦ 公司不可能没有问题，关键是你发现了没有，如果发现了，你有没有提出来，提出来总比不提要好。
- ✦ 你提出来的问题是不是在你的影响圈内能解决的问题，如果是，这是个好问题，如果不是，这往往不是问题，而是抱怨。
- ✦ 提出问题以后，你是否真的愿意去解决问题，如果带着解决办法来，这很好，如果没有解决办法，我就需要去思考：你是不是期望我把你的问题接过来。
- ✦ 有了解决方案，是否还给我选择的余地，如果只有一个选择，这是挟持，这是逼迫，因为我根本没得选择；如果是两个方案，这会让我左右为难，因为我相信两个方案背后都会有价值；如果是三个方案，这才能真正让我做选择，因为“三”这个数字才有自由选择的空间。

看到问题就反映问题这是本能，看到问题并想出解决方案这才是本事。看到问题并不值钱，解决问题才有价值。公司并不关注你想到了什么，公司更关注你做到了什么，更重要的是你给公司贡献了什么，一切用行动和结果来讲话。

角色转换四：从成长导向向责任导向转变

我们拥有的只有三天：昨天，今天和明天。昨天已成过去，明天还未到来。我们无法把昨天请回来，也无法提前透支和享用明天。

世间有三件事：我的事，别人的事和老天爷的事；我们往往忘记了做自己的事，爱管别人的事，担心老天爷的事。

所以，属于我们的只有今天，今天我们能做的只是自己的事。因此，此时此刻，完成你自己的事，这就是你责任感的体现！

每一次面试的时候，面试官都喜欢问一个问题：你为什么要加入我们公司？我们得到的答案往往都是一致的——我希望在这个平台上能够学到更多，在这个公司里能够得到更大的提升和锻炼……但是，我们有没有换位思考，公司选择你并不是因为你的得到而是你的付出，我们能给公司贡献什么？这才是面试官希望听到的。

一个人的成长是从一个人的担当和责任开始的。很多时候，我们都在说加入公司希望获得什么，能够得到什么，想得到什么，但是我们有没有换位思考，我们能承担什么，我们能贡献什么？这些，需要你给出答案！

小时候，我们一定有过类似的经历：当我们不小心摔倒了或头磕到了桌子上，父母往往并不会责备我们，而是把责任推卸给桌子，还会象征性地“打桌子”。从这时候开始，我们就形成了一种意识：那不是我的责任，不是我的错，是别人的错。长大以后，当我们与别人发生矛盾或摩擦，就开始把对方当成了小时候的那张桌子，把责任推给对方。当然，在公司中，有时候我们也会选择回避与让步，最后由公司来承担。

人与人的差异是从承担责任开始的。工作中我们要带着这样的信念：凡是参与其中的，都需要对结果承担责任。一个人的责任有多大，往往能体现这个人能够走多远。如果今天你只把自己当成一名员工，那你最多也就是个优秀的员工，但如果你能把自己的高度放在公司部门经理的位置上看，剩下的就是能力、时间、机会等因素了。

中国人造字都很有意境：

“人”字显示了我们彼此是相互支撑的，我们经常放大自己而忽略了别人，如果没有别人的支撑，你永远也成为不了社会人。所以应该永远带着感激的心态去看待别人。

“人”字加一笔就成了“大”字，这里有两层意思：第一，代表责任大，中国有句古话“穷人家的孩子早当家”，说明他担当的责任大；第二，代表年龄变大，这种人是没有担当的，区别由此产生。

“大”字再加一笔就成了“天”字。什么叫“天”？“天”就是天地，就是空间。如果你有担当，再加上你在某一方面有专长，你一定会有属于自己的天地。而那些并没有担当的长“大”的人们，因为基础不牢，最后不是“天”，而是“夭”。

什么叫责任？我的理解是这样的：

- ✦ 责任是框架层面上赋予你必须履行的义务，公司的制度、流程以及你所在岗位的工作职责都是你的框架；
- ✦ 责任是你为昨天犯下的错误流下的痛苦的眼泪；
- ✦ 责任是你为明天的成长所进行的投资。

当然，前两种往往都是被动承担的责任，只有到了第三种境地，你才会走向主动承担。

2.3 职场中必须建立的两种思考模式

第一种思考模式：岗位经营者的思考模式

在上一章中我们已经明确了员工与公司的关系：公司不是家，因为家没有原则；公司也不是剥削工厂，那样会把员工当成机器，失去了它的人性和弹性。公司应该是一个商业交换的场所！它采购的并非是你的时间，而是你的价值。对于新入职场的人而言，今天你的价值在哪里，需要自己去定位，否则，你将没有工作的方向感和目标感，没有方向感和目标感将会让你失去工作的内驱力，成为被动地工作。我的答案很明确：对于新入职的员工，目前的价值在于你给公司带来了希望。希望从哪里来？就是你的工作态度和热情！

一个人的起点是什么不可怕，可怕的是没有加速度！

我曾与一个同行的朋友聊天，他一听说我有将近40天没到公司，非常惊讶，问我要怎么管理公司？我的答案很简单：员工为什么需要管？当然，这是有前提的：独立性与自律性。同时，还有另外一个原因：人生没有彩排，每天都是直播。公司不可能因为你一个人消极怠工而倒闭，因为你不努力并不代表别人不努力，公司不会因为你一个人的消极或流失走向死亡。我们必须认识到：你是你生命的主人，你赌得起吗？你不努力，在公司耗一个月，得到的是最基本的生活保障，你对得起自己的生命吗？这些需要你自己给出答案！

五年以后的结果是你今天的选择所决定的，一定不是五年以后才决定的，这是一个必然从量变走向质变的过程！眉毛上的汗水，眉毛下的泪水，你总得选一个！

你是你所在工作岗位的经营者，你与公司是一种股份制合作关系，你的工资是你的基本回报，你的提成与奖金是公司给你的分红，你所经营的就是你的岗位，出资方是企业，经营方是你自己。因此，你无需别人对你管理，你需要自动自发。因为，你的未来是你自己经营的结果。表现优秀，公司会继续追加投资，给你加薪，给你更多的提成（分红），给你更多的机会（晋升）；你不努力，你不奋斗，很简单，公司会终止投资，抛弃你的不是别人，而是你自己！

因此，作为一名职业人，我们需要以经营者的思考模式去开展自己的工作，学会从依附走向独立，坚持原则去工作；从服从走向主动，积极主动去工作；从人治走向法治，遵守制度去工作；从避责走向守责，承担责任去工作；从封闭走向开放，开放心态去工作。

第二种思考模式：成年人的思考模式

成年人的定义是什么？中国《民法通则》规定：“18 周岁以上的公民是成年人。”凡满 18 周岁的公民，不论其性别、精神健康状况如何，均视为成年人。达到成年且精神健全的人具有完全的民事行为能力，是完全民事行为能力人。什么是完全民事行为能力，就是指你完全独立，既强调了独立的权利，更强调了独立的义务。

职场人基本都已达到 18 周岁以上，因此我相信本书的读者都是具有完全民事行为能力的人。可事实上，在职场中我们是否做到了独立呢？

这里说的“独立”，首先应该是情绪的独立。

什么叫情绪独立？即“不以物喜，不以己悲”。一个聪明的职场人是不允许把自己的情绪交由别人来管理的。可是在现实中，我们的情绪独立吗？也许你的答案是独立，但是坦言之，职场人士能做到的其实少之又少。

这里有一个“小秘书 PK 总裁”的案例。

前几年，网上疯传着这样一件事情——一个小秘书把总裁 PK 掉了，这就是一个因情绪管理不当引发的案例，大致的情况是这样的：

一天晚上，已经下班的某跨国公司中国区总裁返回办公室取东西，到门口才发现自己没带钥匙。此时他的办公室秘书已经下班。在数次电话联系未果后，次日凌晨该总裁在极度恼怒之余，写了一封措辞严厉且语气生硬的英文“谴责信”给秘书，并同时抄送给公司的其他高管。

总裁的盛气凌人激怒了秘书，他将邮件抄送给公司其他高管的做法也让秘书觉得很丢脸面，她觉得错根本不在自己，反而是自己的权利受到了践踏。愤懑之余，秘书也义正词严地用中文回复了一封邮件并抄送给该公司在北京总部和上海、广州、成都三地分公司的所有员工，其中也包括总裁本人和其他几位高管。

出于对这位秘书不平遭遇的声援，就在反驳邮件发出不久之后，一位“好事”的该公司员工将总裁与秘书两人往来PK的邮件转发给公司以外的朋友“共享”。发出电子邮件的人并没有想到自己的邮件会自此一发不可收拾，并引来后面的“连锁反应”。在接下来的几天里，邮件像多米诺骨牌似的被迅速传播开来。

一个月后，从业内传来消息称，遭遇“秘书门事件”的那位总裁已于日前离职，具体原因可能与业绩不佳有关。但在之后召开的媒体发布会上，公司对该说法未予置评。公司董事长、总裁兼CEO正式确认中国区总裁离职，并在接受媒体采访时表示，“我们绝不会允许任何人践踏员工的权利。”这明显反映了公司对“秘书门事件”的不满。也有消息称，由于该公司以前有多名高管对中国区总裁的管理不满，已经联名上告到美国总部。

我个人也有一个这方面的案例。由于工作的特殊性，我大部分时间都在全国各地讲课，因此，去公司的时间自然就少了，有时候甚至近2个月都不在公司。尽管如此，仍与大家的关系相处得很好，每次我出差回来总是会带一些当地的小东西、小玩意给同事。

2010年的某一个夏天，因为飞机晚点，到北京已经凌晨3点多了，我几乎没怎么休息就拖着疲惫和不适的身体回到公司，同事们热情地和我打招呼，我却没有积极地给予回应，直接穿过员工办公区进入了自己的办公室，并随手关上了门，坐在办公桌前，打开电脑，开始工作。

只工作了不到10分钟，我就发现外边的氛围很不好，和平时差别很大，这时我突然意识到是我的情绪出了问题，并且在进门的那一刻已经把我的负面情绪传播给了大家，让大家感觉到了我的不开心。要知道，作为一个老板，这样最终吃亏的是我，毕竟每天我需要付给他们高额的薪水，同时，是他们在帮助我维护客户，如果这种负面情绪继续传播给我的客户，那对企业而言更是一种不小的损失。于是，我决定改变。我叫来前台，告诉她去楼下帮我买一些糖果回来，然后我提着糖果袋走出办公室，调整好我的情绪，面带微笑地对大家说："各位，来来来，这次回来得匆忙，只带了些糖果，大家一起来享用吧。"在这一刻，他们每个人的脸上都有了180度的转变。

当然，也许有人说是你的糖果起了作用，毕竟每一次你都会带一些小玩意给大家制造一些惊喜，而这次没有。我想表达的是：起作用的不是我的糖果，而是我的情绪。难道你会觉得如今糖果还对员工具有吸引力吗？反过来想想，如果从进门的那一刻开始，我能调整好自己的情绪，我反而可以省掉一笔买糖果的费用。有时，真正伤害我们的，不是别人对我们做了什么，而是我们对此的反应与选择伤害了我们自己！

无论是工作，还是生活，之所以会产生负面情绪，往往并非是情绪本身伤害了我们，情绪本身是不会带有任何伤害性和攻击性的，悲痛、恐惧、惊奇、狂喜、狂怒、警惕、憎恨在某些情景下都有其正面的积极意义，如：作为一名管理者，当员工触犯了底线的时候，发怒未必不是一种解决问题、明确原则、传递声音的方法。

负面情绪的产生是告诉我们：我们有一种非常重要的价值——尊重、和平、爱……受到了伤害。这时我们关注的应该是自己想要的，而不是自己失去的；否则，我们将会一直沉浸在负面情绪当中。

同时，当我们的负面情绪出现的时候，我们也不应该去伤害别人的价值，那样，会让我们的互动与沟通进入恶性循环中，彼此之间就会陷入一场战争，而战争往往是以"单赢"结束的。这个世界上本没有什么"单赢"存在，"单赢"往往是走向"双输"的开始。

其次应该是原则的独立。

如果我问你，你有原则吗？我相信所有的人都会说有。但如果我问你：你的原则独立吗？或者你的原则坚持了吗？我相信很多人都会摇头。

我在课堂上经常做这样一个提问：无论是开车、骑车还是步行，闯过红灯的请举手？我发现 95% 的人都会举手（除非你生活在一个没有红绿灯的环境里）。我们现在来分析一下我们是如何闯红灯的：首先，我相信当红灯亮起的时候，绝大多数人都不会是第一个闯红灯的，都会自觉地等绿灯，但随着等绿灯的人越来越多，时间越来越长，我们往往会发现总有一个人会先闯红灯，他这一闯不要紧，会有很多人跟着他一起闯。同样地，你也会不知不觉地被人带着走。如果这个时候我走上前去问你：你为什么闯红灯？我相信，你一定会告诉我：你看他们都在闯红灯。

我想请教你的是：你的原则哪里去了。

我们不是没有原则，而是我们经常在和别人的攀比中变得没有了原则。试问，在工作中有没有相互攀比的情况出现？为什么他迟到了你不说他，我一迟到你就说我？为什么他一个月拿那么高的工资，我一个月就这么多？为什么你不让他干，而让我干……这些都是原则不独立的现实表现。

当然，这还不是最严重的。最严重的是：我们有很多人不但不坚守自己的原则，反而还喜欢破坏原则，不但不以为耻，反以为荣。

还是来说一个曾经发生在我自己身上的案例吧。

曾经有一次，我去某市给一个大型公司讲课，这是一个规模非常大的公司，一个镇几乎都是他们的人，以至于内部有他们自己的派出所。我的授课地点就在他们公司内部，离机场大约需要近 2 个小时的车程，我清晰地记得当天晚上我的航班是 20:05 的，也就是说，我最晚需要在 17:30 结束我的课程。但是那天一方面学员太热情了，另一方面确实内容比较多，我本人也有意愿和大家多进行交流，于是一直把课讲到近 18:00。由于第二天我还有一个在北京的培训，因此当天晚上必须赶回北京。客户一看肯定是来不及了，但他们有自己的派出所，于是就调了一辆警车过来，让我上车！我当时竟没有一丝羞愧感，甚至心安理得地坐在了车里。于是，在警笛声中一路到了机场，而我当时的心情竟然是三个字：爽歪歪。

我们在干什么？我们在破坏规则。然而我们有羞愧感吗？没有，这就是我们的现状。

再次，应该是能力的独立。

我经常在授课中问大家这样一个问题：合作的前提是什么？很多人都说是心态、沟通、执行……其实，在我看来是独立——能力上的独立。只有高水平的独立才能带来高水平的合作。

任何岗位，都有其核心的能力，只有具备了核心能力的合作才是真正的合作。我们千万不要以为只要大家抱团，相互有接触、有沟通就是合作，这是大错特错。作为一名职业人，我们需要在最短的时间内明确自己基于岗位胜任的核心能力，并且不断提升和拓展，在能力层面上做到独立。

作为一家培训公司的培训顾问（即销售岗位，不同的公司称呼不同），要想胜任这个岗位，至少需要具备以下几项核心能力：

- 寻找客户资源的能力；
- 首次接触，建立关系的能力；
- 持续跟进，建立信任的能力；
- 发现需要，把需要向需求转变的能力；
- 方案制作、演示、讲解的能力；
- 谈判议价的能力；
- 处理客户异议的能力；

……

这些能力是这个岗位必须具备的，也是我们考察一名培训顾问是否合格的一些指标。如果在这些能力上你还不具备独立性，即使你再主动地去与他人沟通，也算不上是真正意义上的合作，而应该叫做——依赖！

什么叫合作？基于分工不同，需要相互协同，这才叫合作。比如我的公司有一个关键部门，叫师资部，这个部门的核心价值定位是选择老师（我们联盟里有6000多名会员老师，因此我们不是找老师，而是选择老师）。当培训顾问需要师资支持时，就与师资部门及时建立沟通，这才是真正意义上的合作。

3 方向对了就不怕路远

森林中有两条路，

我选择了人走的比较少的那一条，

一切的差别因此而产生。

3.1 选择变了，你的世界就全变了

有这样一个故事：

有一位父亲正在专注于写作，而他的儿子却在一边吵闹不休。父亲无可奈何，便随手拾起一本旧杂志，把一幅色彩鲜艳的世界地图撕成碎片，丢在地板上让儿子拼好。这位父亲以为这样会让他的儿子花费很长时间从而让自己得以工作。但没过 10 分钟，儿子又来敲他的房门，说已经把碎片拼接完成了，这位父亲几乎不相信儿子说的话，因为这张地图已经被他撕成了几百个小碎片。但父亲走出去看到的却是一幅完整的世界地图，他惊讶于儿子如此之快地将地图拼好，问道：“你怎么这么快就拼好了地图？”儿子说：“很简单啊！另一面有一张完整的照片，我把这张照片拼到一起，然后把它翻过来，这幅世界地图也就拼完了。”

选择对了，
我们的世界
就全对了！

世界上最痛苦的事情是什么？小沈阳说：人没了，钱还在。世界上最最痛苦的事情是什么？赵本山说：人还在，钱没了。

其实，我认为在职场中最痛苦的事情是你在错误的道路上自认为正确地坚持着却还浑然不知，且还画地为牢般地沾沾自喜。

不是吗？我们的身边充满了这样的例子。

- ✦ 过马路闯红灯，连跳带跑地走过去却并不觉得自己错了，还带着占便宜的心态开心得很，并且笑那些没有闯红灯的人傻或向身边的人炫耀自己有多牛。
- ✦ 在公司，看见领导迎面走来，我们装作没看见，不愿意跟领导打招呼，等领导从身边走过后，还长叹一口气：运气真好，终于躲过了一劫。
- ✦ 听见一位不合群的同事在与客户电话沟通中犯了一个简单的错误，不立即主动告知，还沾沾自喜：活该倒霉，就不告诉你，等着找麻烦吧。
- ✦ 早晨上班迟到，没有被领导发现，一溜烟地跑到自己的工位上，庆幸自己多么的幸运，没有被领导逮着。
- ✦ 面对客户询问一个我们不知道的产品知识，采用所谓的技巧搞定甚至是欺骗了客户，我们很兴奋，甚至还想：真够笨的，这么容易就被我搞定了。
- ✦ 工作中出了差错，影响了任务的进度，不是选择主动跟领导汇报，而是通过谎言遮掩了真相，没有被领导发现，心想自己简直太高明了。

……

各位，这些事情有在你的身上发生过吗？曾几何时，我还是一名普通员工的时候，这些情景都曾或多或少地发生在我的身上。但是正是这些思维让我们在成长的路上举步维艰，而我却浑然不知。

我们有没有反思我们在干什么？也许我们不会反思自己的过错，我们会认为：我没错，或者即使我错了那也是别人导致的。但是正是这些错误的选择，影响了我们在职场中的加速度。

我们是在错误的道路上自认为正确地坚持着，数十年不变，甚至已经成为自己今天在生活或职场中遵守的信条，我们被这些错误的信条束缚着，我们已经成为了这些错误信条下的奴隶。

有一位国王去一个偏僻的地方体察民情，因为道路崎岖不平，还有很多石头，刺得国王的脚又痛又麻。到了王宫后，他下了一道命令，要将全国所有的道路都铺上一层牛皮。他认为这样做，不只是为了自己，还可以造福他的子民，让大家走路不再受刺痛之苦。

于是全天下的牛就倒霉了。为了筹集牛皮，不管是黄牛、水牛、奶牛一律统统杀掉，但是即使把所有的牛都杀掉也不足以让全部的道路都铺上一层牛皮，而所花费的金钱、动用的人力更是不知有多少。虽然根本做不到，但这个愚蠢的命令是国王下的，大家也只能遵照执行。

国王自然也不笨，但是他又想不到更好的办法。就在左右为难之际，有一个聪明的下属提出建议：国王，我们可以做出另外一种选择，与其花这么多的财力、物力去修“牛皮路”，为何不用两片小小的牛皮包住您的双脚呢？

国王大吃一惊：是啊，我怎么没有想到呢？于是收回成命，给每个人发了两块脚掌大的牛皮。

选择正确的身份定位，你便拥有了正确的声音和信念；选择正确的信念，你便拓展了新能力，或应用了你本就具备的能力；选择拓展和发挥了你的能力，你便会拥有一种正确的行为；选择一个正确的行为，你便拥有了正确的结果。

选择变了，我们的世界就全变了！

我在给江苏淮安一家非常优秀的企业——欧蓓莎居然之家的销售团队讲课时举过这样一个例子。

如果你是一名家具销售人员，从客户一进门就热情地给客户介绍家具的情况，从椅子说到衣柜，从颜色、材料说到环保，看样子客户也很感兴趣，可结果呢，客户却一句话也没有说就离开了，这时候我们往往会做出两种选择。但是选择变了，我们的世界同样会变：

第一种选择：大多数人的选择

- ✦ 抱怨——这个客户真没意思，说了半天连声“谢谢’都不说；
- ✦ 失落——销售真是做腻了，每天都碰到这样的客户；
- ✦ 悲观——销售真的很难做，付出这么多一点回报都没有。

第一种结果：大多数人的结果

- ✦ 下一个客户来的时候我一定不会多说，反正他也不买；
- ✦ 愿意买就买，不愿意买就拉倒，反正我就是个打工的；
- ✦ 生活真的很艰难，要不是为了生存，打死我都不会做销售。

第二种选择：少数人的选择

- ✦ 发现——说了这么半天都没有买，一定是我说的不是他想要的；
- ✦ 正向——虽然客户没有买，但是我说的这些一定会对客户有帮助；
- ✦ 积极——销售真的很锻炼人，如果我再坚持坚持，一定会成长得很快；
- ✦ 主动——一定要请教别人，看问题出在哪里。

第二种结果：少数人的结果

- ✦ 下一个客户来的时候，我一定不能出现之前的情况；
- ✦ 通过请教别人，我知道我该怎么改进了，再有客户可以练习一下；
- ✦ 因为客户让我练习了一下，真的很感谢他；
- ✦ 销售真的很有意思，影响别人不是一件很难的事情。

请记住：
森林中有两条路，我选择了人走的比较少的那一条，一切的差别因此而产生。

《古兰经》上有一个经典故事，故事的结局值得我们回味——

有一位大师，几十年练就“移山大法”，许多年轻人慕名前来学艺。三年过去了，徒弟们却从来未能学得一句移山口诀，也未能一睹大师的移山绝技，可谓失望至极。

一天，众徒弟远望高山集体发难：“从师多年，勤勤恳恳，师父为何不教我们移山大法呀？”大师说：“好吧，今天为师就教你们移山大法。”随后，众徒依法行事。少顷，大师道：“好了，请徒儿们睁开眼睛细看，是否已经邻近高山？我的移山大法就是——山不过来，我就过去啊！”至此众徒方如梦初醒。

要想事情改变，首先得改变自己。你是一切的根源，只有改变自己，才会最终改变别人；只有改变自己，才可以最终改变属于自己的世界。

在职场中，我们究竟应该用什么样的思维方式去工作呢？以下就是我在职场中总结的，也是我个人以及我在授课的过程中指导他人去拓展的。

3.2 把“抱怨”转变成“愿望”

在职场中，适度的抱怨是发泄消极情绪、缓解内心压力、维持心理健康的一种手段。但是，当抱怨成了习惯，持续的抱怨会使人的情绪变得非常糟糕，看什么都不顺眼，进而在工作上敷衍了事，引起他人的不满，最终使个人的发展道路越走越窄。

现在的社会有一种非常不好的负面能量存在，那就是抱怨。很少有人知道自己抱怨的频率到底有多高。抱怨就好比是狐臭，只有从别人身上发出的时候，我们才会注意到。

- ✦ 早晨一醒来，我们会赖在床上说：又要开始上班了，讨厌死了！
- ✦ 开车堵在路上，我们又会说：中国人就是多，走到哪里都这么挤，烦死了！
- ✦ 一不小心上班迟到，被罚了 10 块钱，我们会说：公司的制度一点都不人性化，痛恨死了！
- ✦ 工作中遇到一个“难缠”的客户，我们会说：这个客户有毛病，我还不想伺候你了呢！
- ✦ 中午吃饭遇到一个插队的，会在心里说：这人一点教养都没有，没素质！
- ✦ 下午上班犯困，又会说：公司连一个休息的地方都没有，讨厌！
- ✦ 晚上下班回家，拖着疲惫的身体会说：人活着真累！

……

职场人只要凑到一起，抱怨是必需的。抱怨公司的薪酬福利，抱怨领导的弱智管理，抱怨遇不到慧眼的伯乐，抱怨别人不理解自己，抱怨干不完的工作，抱怨受不尽的委屈……那么，抱怨的本质是什么？

本质一：你所表达的并不是你想要的

正如我们之前举到的例子，某天晚上你下班回家，看到爱人在玩电脑，没有做饭。这时候，你会怎么说？以下是我们想到的几种可能：

- 可能一：什么都不说，但是用你的情绪表示无声的抗议，告诉你的爱人你很有意见。
- 可能二：用语言表达你的不满和抱怨。

这个过程很有意思。

首先，我们了解一下这个时候你想要的是什么：你想要的是你的爱人开开心心地以最快的速度做出你喜欢吃的饭菜。但你又发现，当你抗议或抱怨时，效果会如何呢？也许她会去做，但是她同样会郁闷、生气，很难做到开开心心；也许她会反抗，以示他对你的不满：“凭什么天天让我来做饭！”

抱怨就是你所表达的并不是你想要的，因此你就对它充满了负面情绪：讨厌、憎恨、仇视等，于是你就会选择极力地想去推开它，这是一种逃避问题或以解决问题为导向的思考方式，而不是以目标为导向的思考方式。

本质二：你把你所感受到的伤害都归因于别人

有一个年轻人，刚刚工作两年就换了四五个单位。一次，他闷闷不乐地去找他的大学同学喝酒，诉说自己得不到老板的重视，什么培训的机会都轮不到他，自己做了很多事但是并没有什么实际性的回报，他对那份工作一点兴趣也没有了，想再次辞职另找一份工作。听了他的抱怨，他的同学没有直接说什么，而是给他讲了一个故事：

一只乌鸦打算飞往南方，途中遇到一只鸽子，一起停在树上休息。鸽子问乌鸦："你这么辛苦，要飞到什么地方去？为什么要离开这里？"乌鸦叹了口气，愤愤不平地说："其实我不想离开，可是这里的居民都不喜欢我的叫声，他们看到我就撵，有些人还用石子打我，所以我想飞到别的地方去。"鸽子好心地说："别白费力气了。如果你不改变你的声音，飞到哪里都不会受欢迎的。"

听完这个故事后，那个年轻人涨红了脸，好像明白了大学同学的意思。

中国有一句古话：一个巴掌拍不响。你连现在的工作都做不好，换个地方就能做好？有的人总说自己怀才不遇，那你觉得你有"打工皇帝"唐骏那种才华吗？如果你在这家小公司都当不了部门主管，你去别的大公司就能大出风头吗？你只是抱怨工作中的各种不公平，可是否想过是不是自己努力得不够？平心静气地正视自己，客观地反省自己，才是增强职场生存实力的重要途径。

抱怨就是把自己的不满和所受到的伤害归因于别人，正因为如此，你就给自己找了一个冠冕堂皇的理由：这不是我的错。长此下去，我们就没有意愿也没有动力去解决它，结果就是你已经习惯了去逃避、去抱怨。

本质三：抱怨是把我们的标准强加给了别人

抱怨的另外一个本质是我们经常按照自己的标准来衡量所谓的对与错，当我们按照自己的标准来要求别人时，往往会造成一种错觉，进而形成一种抱怨。

在我的管理课堂上，我经常会引用一幅图片。这幅图片从不同的角度看，内容也完全不同，但每个人都会坚信自己看到的是正确的，并坚持自己的观点。这时我会问大家：你们从这幅图中得到的信息是什么？

✦ 有人回答：一对老夫妇。马上有人反对：你看到结婚证了吗？凭什么说他们是夫妻。

✦ 有人回答：里面有一对墨西哥人。马上又有人反对：这不是墨西哥人，这是阿拉伯人。

✦ 有人再回答：门洞里有个美女。马上有人说到：都缺了条胳膊还是美女吗？

各位，他们的回答谁对谁错呢？其实，没有对错，只是角度不同而已。

心理学中有一个投射效应，它指以己度人，不自觉地把自己的特征归属到别人身上，认为他人也一定会有与自己相同的特性。投射效应会使人们倾向于按照自己是什么样的人来知觉他人，因而容易对其他人产生错误的认识。

2012 年 7 月 21 日，北京发生了自 1951 年有完整气象信息以来最大的一场水灾，由于受暴雨的影响，北京市区出现了多处积水，很多车辆都陷在水中动弹不得，于是车主不得不把车辆泡在水里或停在路边。然而，第二天一早，北京交通协管人员拍照罚款，每辆车 200 元。这一消息一经网络曝光后，几乎出现了一边倒的抱怨，甚至是唾骂，骂什么呢？当然是骂协管员的无知、无良心、无道德、无同情心。我们知道：网络的力量是不可低估的。此后，这件事情不断在网络中转发和发酵，北京市政府新闻办随后就“协管员给遭暴雨熄火停在路边的车贴罚单”一事进行说明，北京市常务副市长吉林表示，在突发灾害降临时这种处罚是错误的，所贴罚单作废。交管局也表示对违法告知单不予录入，对当事协管员严肃处理、调离工作岗位。按理说，这件事情处理得不错，但接下来的评论中却出现了两种截然相反的声音，抱怨的人大有人在，只不过这次抱怨的对象已经不是协管员了，而是交管局了，甚至有些人开始回过头来同情那些协管员了：“协管员有错吗？是制度的问题”，“协管员做的是工作，并且是认认真真的工作，他体现的是一种执行力”。这件事件说明了什么呢？

首先，它说明了一种普遍的社会现象：每个人都生活在抱怨的世界里，不管怎么做都要抱怨，难道不是吗？今天，你随便看一条新闻，几乎都能看到充斥抱怨的评论，这种抱怨让我们看不到真相，也不愿意相信真相。

其次，为什么不同的人对事情的认同度会不一样，这说明每个人判断事情的标准是不相同的。抱怨的人或不抱怨的人往往是按照自己的标准去要求别人，这就是一种投射效应。

在职场中，我们该如何调整自己的抱怨心理？不想要的叫“抱怨”，想要的叫“愿望”。每一个抱怨的背后都有若干个美好的愿望存在，所不同的是：抱怨是想推开，而愿望是想得到。因此，倘若我们能够把每一个抱怨转变成愿望，那结果肯定不同。

以下几种情景在我们的工作或生活中可能都会遇到，这时你会表达出怎样的情绪？这些情绪会产生怎样的影响呢？

情景一：你是一名业务人员，你们公司的业务模式是电话销售，今天你是第一次给客户打电话，上午半天你一共打了将近40个电话，你发现大多数客户都很无礼，要么就是挂电话，要么就说不需要，有的还向你发脾气，最后一个电话对方竟然说“你有毛病！”

情景二：你们部门一共有8个人，工作性质和工作内容是完全一样的，你是唯一的一位女性。你们所在的办公楼一共6层，没有电梯，其中一楼是你们部门的办公室，6楼是公司的会议室。部门经理临时给你分派了一个任务：把刚买的一批瓷器搬到6楼的会议室，而这些工作至少要你来回跑3次。

情景三：你辛辛苦苦花了一周的时间终于把领导分派的任务——标书制作完成了，当你信心满满地提交至你的经理时，他却大发雷霆，朝你嚷嚷：“你写的格式根本就不是这次客户需要的。”

情景四：工作了一天，非常辛苦，而且不是很顺利，上午客户要求退货，下午经理找你谈话，并且警告你完成业绩的进度远没有达到你的目标，就连中午出去吃饭都差点跟一个插队的打了起来。晚上下班回到家，发现家人做的菜几乎没有一个合你的口味，而且还不断跟你抱怨今天发生的一切……

我想，当我们遇到上述情景的时候，我们的情绪往往都是负面的——抱怨、愤怒，当我们带着这种情绪去沟通，往往表现出的是一种抱怨。这是我们想要的吗？完全不是！

其实，每一个抱怨的背后都有若干个美好的愿望存在，不同的是抱怨会让我们停滞不前，而愿望会让我们充满动力。同样的事实，你选择了不同的表达方式会产生不同的效果。因此，当我们察觉到不满的时候，我们需要用愿望去表达我们的期望，而不要用抱怨去推开他们。

如果在情景一中，你用愿望的形式来表达你的期望——我真心希望客户能够多给我一些时间来听我说，并且我也很希望他能够尊重我——你就会发现，接下来就会有一个清晰的工作方向和目标：如何让客户多听你说，如何让客户更加尊重你，这才是你想要的。

- 在工作中，同事间如果能够用愿望代替抱怨，彼此会更加容易建立信任，合作也就更加顺畅，沟通也会更加坦诚，相处的氛围也就更加融洽。
- 在家庭中，如果你能够经常用愿望替代抱怨，那会让你的孩子更加快乐，你的爱人更加开心，你的家庭更加和谐。
- 在社会中，如果我们每个人都能够用愿望替代抱怨，会让更多的人聆听我们的声音，会让更多的人关注我们的需要，会让更多的人有意愿去推动我们的梦想。

3.3 把"关注"转变成"影响"

在我的思维训练课堂上，我经常拿出这样一个案例让大家讨论：

假设你来公司已经快3年了。在这3年里，你一直兢兢业业，在能力和资历上都是这个部门里非常出色的。刚好部门经理由于业务调整于年前调至了其他分公司，因此，你一直都对得到这个职位充满希望。可是前两天你听到大家议论，说要空降过来一个人做你们的部门经理，你感受到竞争的威胁，这个时候你会怎么办？

很多学员的回应是这样的：

首先，我肯定会郁闷、烦躁，觉得老板有问题，我做得这么好为什么不让我当这个经理；接下来，我会直接找老板沟通，问问他我到底哪里出了问题；最后，如果老板不让我做，我就辞职。此处不留爷，自有留爷处。

各位，这个答案也许是我们很多职场人惯用的一种逻辑，但这种逻辑所关注的往往首先都是别人的过错。一旦把关注点放在别人身上，就会忽略了自己该去做些什么，甚至为了表达不满做出自己本不想做的事。

当然，在我的课堂上也有一些学员的回答是完全不同的，他们的逻辑是：

首先，我们需要先处理好自己的情绪，先处理心情，再处理事情；其次，我们的底线是把现有的工作按部就班地做好；最后，我们会去了解空降经理这个事情是否是真实的。如果是真实的，我们会针对部门的当前现状写一份团队发展报告，主动找领导沟通，我相信这样做，领导会给我们一个答案的。当然，也有可能在了解到事实真相以后，我发现空降经理这件事不过是空穴来风而已。

这是一个不错的回答，值得鼓励！

被美国《时代周刊》评为“20世纪影响美国历史进程的25位人物”之一的史蒂芬·柯维（Stephen Richards Covey）博士，被美国学界誉为“思想巨匠”和“最具前瞻性的管理思想家”。他是前总统克林顿倚重的顾问，《财富》杂志100强中的90%和500强中的75%的企业是他的直接受教者，我个人也深受他的代表作之一《高效能人士的七个习惯》的影响。柯维博士在书中提出了一个非常好的个人发展模型：影响圈与关注圈。

所谓影响圈，就是我们关注的并且能做到的事物，比如你是否微笑、是否选择把垃圾捡起来、是否愿意做力所能及的事情等，这些都属于影响圈的事物。我们可以把影响圈的事物简单地理解为“自己的事”。

所谓关注圈，就是我们关注的但是当前自己不能实现的，比如公司的制度、公司的文化、领导的行为和能力、地铁的拥堵等。我们可以把关注圈的事物简单地理解为“别人的事”。

工作中，我们身边总是有两种人存在。

第一种人：关注关注圈的人

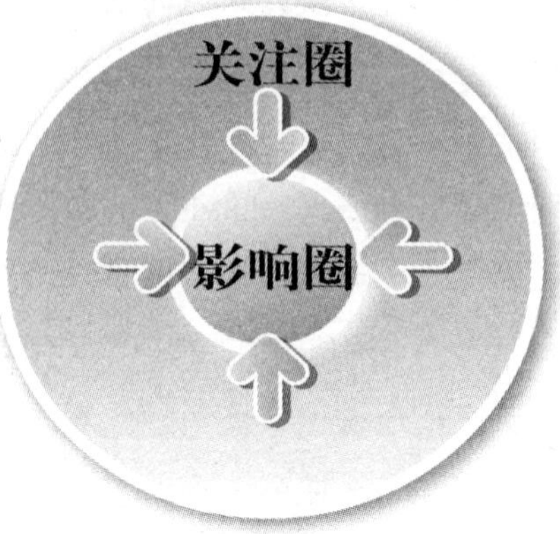

关注关注圈的人有一个共同的特点：他们总是关注那些自己目前得不到或完成不了的事情，也就是关注“别人的事”。当我们关注关注圈的时候，我们就没有时间，也没有精力和意愿去做那些自己能做到的事情了。这时我们就会选择等待、旁观和抱怨，长此以往，能力慢慢退化，抱怨思维区域固化，随着时间的推移，之前能做到的事情也慢慢变得没有能力和意愿去完成了。这种人的影响力会越来越微弱。

第二种人：关注影响圈的人

关注影响圈的人有一个共同的特点：他们总是关注自己做什么而不是别人为什么不做，他们总是关注自己能做到的而不是自己做不到的。当我们关注影响圈的时候，我们总是在致力于行动，而不是在做无用的抱怨。

同时，由于一个关注影响圈的人在不断地做事，因此无论是他的能力还是他的影响力都会得到极大的提升，进而会慢慢地把原来关注圈里的某些事物也变成了影响圈里的事物。他的影响力会越来越大，个人也得到了极大的提升和扩展。

工作中，我们需要应用影响圈的思维不断拓展自己的影响范围。要想影响他人，先要学会改变自己，改变自己影响他人的方式。

一位盎格鲁主教的遗言

当我年幼时，充满无限的幻想，我梦想着要改变世界。

当我长大一点，我发现世界不会改变。

我决定放短我的目光，去改变我的国家。

但是，慢慢地，我发现，国家好像也不会改变。

到了暮年，我决定做最后的尝试，我只要改变我的家人，那些与我最亲近的人。

然而，我们也不曾改变。

现在，我的生命快要结束，我突然醒悟到：

如果首先，我改变了自己，然后通过以身作则，我可能改变了我的家庭。

而受到他们的鼓励，我可以使得我们的国家变得更好一些。

说不定，我还改变了整个世界。

为什么我们总要坚持到最后一刻才能认识自己？难道这真的就是命运？

一个人，不一定能够改变世界，但一定能够改变自己；同时，一个人如果想影响整个世界，那首先需要去影响身边的人。

再次请各位记住：森林中有两条路，我选择了人走的比较少的那一条，一切的差别因此而产生。

2008年中法关系可谓是近几十年来的最低谷，从3月份“藏独”分子搞分裂，到奥运圣火在法国巴黎传递时遭“藏独”分子严重干扰，而萨科齐政府却对此不管不问，再到网络盛传家乐福第一大股东路易威登公司出巨资支持“藏独”分子……当这一系列行为被网络广为传播以后，我愤怒了，你也愤怒了，我相信全国大部分人都愤怒了。我们恨不得立刻行动，然而各位，这些是我们的影响圈还是关注圈呢？

当然，更多的是关注圈，也正是因为我们所关注的是自己不能解决的，我们才会出现愤怒。

然而，有一个人，却与我们不同，她叫张萱。2008 年 4 月 13 日，北京女孩张萱孤身一人来到北京白石桥家乐福门口，向路人展示巴黎火炬传递时发生的真实照片，她要我们行动起来使外国人明白中国主权不可侵犯，中华民族要和平团结抵制暴力分裂。她的行为受到了上千路人的关注，并有几个外国人参与了交流。效果出乎意料得好，得到了绝大多数人的支持，更有人把相关照片放到网上，于是发起了一场声势浩大的抵制家乐福事件。最后，家乐福的大股东路易威登公司不得不对支持“藏独”分子的网络传言进行澄清与说明，而这封说明信也有几分道歉的意思在里面。

这个案例充分说明：与其在不如意时一味地关注那些你根本做不到的，不如尝试着从自己的影响圈开始去改变自己、改变现状，这样你的影响力会越来越大，最终也可能把看似不可能得到和实现的愿望变成可能。

一天下午，一位老画家在海边散步，他看到一个小女孩不停地从沙滩上捡起什么东西，然后扔到海里。老画家出于好奇，就走了过去，问道：“小姑娘，你在扔什么呢？”小姑娘回答：“爷爷，我在扔海星。”原来，那天很多海星在涨潮时被冲上了海滩，退潮时却被留了下来。

老画家听了微微一笑，对女孩说：“姑娘，别捡了，陪爷爷散散步吧，这么长的海岸线，这么多的海星，你怎么能把他们都扔回去呢？”小姑娘之后说的一句话让老画家非常震撼：“爷爷，我知道，我不可能救活所有的海星，但是，当我捡起这只海星并且把它扔回海里的时候，我已经拯救了它的生命。”

这是多么有分量的一句话，老画家几乎不敢相信这句话是从一个小姑娘的口中说出来的，更让他感到自己在小姑娘面前是这么渺小。于是，这位老画家也加入到扔海星的行列。慢慢地，慢慢地，越来越多的人出于同样的好奇而深受影响，加入到了扔海星的行列。

那天的海星是非常幸运的，因为有越来越多的人帮助了它们，让它们有机会继续活下去。

其实，在生活中，我们每一天都会接触到一个又一个“海星”，这些“海星”就是我们面对的每一个问题。我们总是希望别人去解决，殊不知，当你的选择变了的时候，你的机会也许就会从光顾你变成远离你。

以下这些话，是我在授课的时候经常说的：

- ✦ 为什么你抱怨，是因为你总是把希望放在别人身上；
- ✦ 为什么你推诿，是因为你总是希望让别人做而不是你自己；
- ✦ 为什么你感受到不公平，是因为你在不断地与别人比较；
- ✦ 为什么你不成长，是因为你把你的成长当成了别人的事；
- ✦ 为什么你被动，是因为你一直都习惯了被别人推动；
- ✦ 为什么你等待，是因为别人没有告诉你，你就选择了等待；
- ✦ 为什么你冷漠，是因为你总是把自己致力于事件的边缘，殊不知，你已经在冷漠中被抛弃了。

3.4 把“搞定”转变成“为了”

在课堂上，我经常会做这样一个小活动：

让两位学员做好掰手腕的准备，我的规则是：在 30 秒内，每赢一次能获得 1 块钱，看能赢多少次。几乎每一次我都见到大家累得气喘吁吁，而最后的结果往往只有一方胜出，且仅仅胜了一次而已，甚至还有很多学员旗鼓相当，谁都没有赢。

虽然这只是一个小小的活动，但是往往表现出我们在工作和生活中的思维：追求“单赢”的思维。单赢思维是一种对抗性思维，是一种搞定思维，是一种要么我赢，要么你赢的思维。其实我们完全可以转变一种思维，请注意我的规则：在 30 秒内，每赢一次能获得 1 块钱。如果这时候我们关注的不是你赢或我赢，而是大家赢的话，我们就可以根本不需要力气，只需要速度，左右，左右，左右……毫不夸张地说，30 秒内至少每人能赢 30 次。

什么叫“双赢”？你有一个苹果，我有一个苹果，我们俩交换，这不叫双赢；你有一个思想，我有一个思想，我们俩交换，这才叫双赢。“双赢”的心态是一种“为了”的心态，为了自己，为了他人，为了客户，为了同事，为了企业，为了社会，为了家人……

我一直秉承一个信念：这个世界上没有单赢，所谓单赢，只是从某一个时间点上看是存在的，但把时间轴拉长一看，“单赢”往往是走向“双输”的开始。道理很简单：坐在你对面的那个人不比你笨多少。

✦ 在工作中，如果我们带着“搞定”的心态与同事共事，不管是通过权力还是非权力的手段，都不会形成真正的合作。也许在权力面前他不会说什么，但当你离开现场的时候，你觉得他不会说些什么吗？在行动的过程中他会全力以赴吗？当然不会，最多不过“尽力而为”罢了。

✦ 在销售中，如果我们带着“搞定”的心态去推销，你的客户就可能不会再回来第二次。也许有人会说：我卖的是耐用消费品，比如汽车，客户购买后很多年都不会再换，即使他知道上当了对我也没有多少影响。但是我们要知道，在销售中有一个著名的销售数字法则——“1 : 8 : 25”，即影响 1 名顾客，可以间接影响 8 名顾客，并使 25 名顾客产生购买意向，1 名顾客达成购买行为。依此类推，如果你得罪了 1 名顾客，那么也会带来相应的损失，这种损失甚至需要你付出双倍的努力来弥补。由此可见，你并没有赢，你同样输了。

我个人坚信并践行的众多思维中，“双赢”思维是我一直坚守并遵循的准则。我相信，只有双赢才是真正的赢。有人问我：陈老师，你们的平台是中国培训师大联盟，为什么公司叫“中智博达”？其实，之所以用这个名字，其寓意为“中华智慧，博者善达”。“博”是我们公司对团队成员的要求，其意为“广博、渊博、博学、博爱”。只有用这几点来要求自己，才能成为真正意义上的培训顾问，才是真正“为了”客户而不是“搞定”客户。“善”字为我们公司的核心价值观，其意为“心地仁爱、行为端正、品行端正”。无论是“博”还是“善”，其中都包含有“双赢”思维。因此，我们公司是绝对不允许任何一位顾问老师通过坑蒙拐骗偷的行为与客户进行合作，也正是受益于我们的核心价值观——“善”字。公司经营几年以来一路平稳，一直在良性与积极的道路上发展，并且积累了一批忠诚度极高的客户。到目前为止，我们没有真正意义上丢失掉一家企业客户，没有一笔死账、烂账、坏账。我想在培训行业还没有几家公司能这么表态的。这一切，皆源自于我们遵循了“双赢”思维。

我们之所以在工作或生活中很难做到“双赢”思维，是因为我们总是把这个世界定义成两极分化，非A即B、非黑即白、非对即错，也就是我们经常会运用两个极端来思考问题。两极分化的思考模式是一种极端的思考模式，当我们用这种思考方式去与他人建立链接的时候，往往会本能地带有“搞定”思维；当我们将这种思维应用在自身行为上时，同样会让自己陷入两难的境地，这就是一种矛盾。这时候，你不得不作出一个选择，但是无论你选择哪一个，总有另外一个你会失去，这同样是一种“搞定”的思维方式。而“双赢”思维则是需要在两极分化中寻找第三方案。

在工作中，我们如何才能突破“单赢”思维，从“单赢”走向“双赢”，从“搞定”走向“为了”呢？首先，我们需要的是接受；其次，我们需要的是改变。接受策略就是哲学中提到的矛盾、辩证思维，改变策略就是哲学中提到的统一、发展思维。

所谓矛盾，是我们在日常工作或生活中的一种感知和设定而已，它和所有的问题一样，并不一定客观。证明这一点有一个很好的论据就是：同样的行为，为什么有的人觉得矛盾，而其他人却不会觉得是个矛盾？

哲学中讲的矛盾指的是事物内部都包含两个方面，这两个方面既相互独立、相互排斥，又相互联系、相互依存。简言之，矛盾就是对立统一。既然对立不可能同时存在，并且最终要回归统一，那本身就不存在矛盾。客观和中立地找到两者存在的道理和理由，这就叫辩证。按黑格尔的说法就是：存在即合理。我们不要停留在矛盾本身，这是一种以逃避问题或解决问题为导向的思维，我们需要的是去发现矛盾双方的合理性，这就叫辩证。

一个很好的辩证思维的案例就是一个流传久远的《塞翁失马》的故事：

在古老的东方，有一个智者，他的一匹马丢了。邻居说：你真倒霉。智者回答：是好是坏还不知道呢。不久，丢失的马领着一匹野马回来了。邻居说：你太幸运了，多了一匹马。智者回答：是好是坏还不知道呢。儿子骑野马，从马上摔下来，腿摔断了。邻居说：你真倒霉，就这么一个儿子，腿还断了。智者回答：是好是坏还不知道呢。过了一段时间，皇帝征兵，身体健全的年轻人都在战场上被打死了，智者的儿子由于腿断了不能打仗，未被征兵还活着。故事就讲到这里，我们可以继续推理。邻居说：你真幸运，儿子还活着。智者回答：是好是坏还不知道呢。儿子结婚了。邻居说：真幸运，断腿的儿子还能找到媳妇。智者回答：是好是坏还不知道呢。所以从大尺度的时间来看，任何事情是好是坏还不知道。没好事，没坏事，只是有事。这样想，人就会变得洒脱、平淡一些。

浙江大学有两个女学生甲和乙，她们是好朋友。大学毕业后两人都留校当了老师。很幸运，每人都生了两个儿子。甲的两个儿子很争气都到美国留学了，乙的两个儿子全都干了“的哥”。你们说甲和乙谁自豪？人们都羡慕甲，说你真好，两个儿子都到美国留学了。但遗憾的是，甲并没有感到开心，反而是乙的两个儿子每逢节假日就回家看自己的母亲，接母亲出去玩，大事小情照顾得非常好，乙的日子过得非常开心。甲非常羡慕乙，所以是好是坏还不知道呢。也许你说，不要紧，甲移民到美国就行了，就能享受天伦之乐了。我告诉你，是好是坏还不知道呢。甲已经适应了中国的社会、生态系统，到美国后水土不服，语言不通，没有朋友，感到孤单。我们改变不了事情就要改变对事情的态度。

辩证思维又叫客观和中立思维。好与坏，看似是一种矛盾，但当我们用辩证思维去进行分析的时候，就能够慢慢地接受它。当我们在工作中遇到困惑的时候，我们同样需要跳出来看问题，先接受，只有接受，才有可能改变。

当我们用辩证的思维去思考问题的时候，我们就能做到老祖宗告诉我们的“不以物喜不以己悲”。这是一种生活态度。当我们建立了辩证思维以后，我们才能够接受矛盾的双方。一个人要想改变，首先需要接受，不接受的改变是改变不了的，比如：你如果想改变自己的着装，首先需要接受的是你当前的着装是需要改变的，如果你不接受这一点，你是改变不了的；如果你需要减肥，首先你得接受你自己胖，如果你不接受这一点，减肥同样是无用功。

任何行为本身都是客观和中立的，本不存在好与坏，只有在不同的情景下才富有意义。任何行为背后都有它积极的意义存在，我们之所以感觉到矛盾，往往是因为当前的某一个行为和所在的情景是不匹配的。

所谓统一，就是要找到矛盾行为背后所隐藏的价值，将矛盾方的价值进行整合的过程。这个过程的核心在于：我们需要将行为和其背后的价值进行分离。

比如，你遇到了一个矛盾：既想留在公司，又想辞职。这个矛盾是很多职场人在特定时期都可能会遇到的。我们处理的过程往往是这样的：我们总是在痛苦中挣扎，我们不断地问自己，我是该离开，还是不该离开。这个时候你自己也许根本找不到答案，所以，你的所谓痛苦挣扎事实上并不是真正在处理问题，而是我们前面提到的“以问题为导向”。当然，也许，我们会从中挑选出来一个答案，比如辞职，但这往往并没有从本质上解决我们的问题，也许到了下一个公司我们还会遇到同样的问题。

如果我们能用统一的思维来分析去和留这个问题的话，事情就会变得很简单。首先，你需要问自己：留在公司的动机是什么？也许，我们经过最后的寻找以后，会发现留在公司的动机是让我们有一份收入来维持我们的生存，因此，留下来的价值往往就是安全和稳定。接下来，我们需要进一步问自己：我们辞职的动机是什么？也许，我们经过思考以后会发现，我们对现在的工作没有成就感，渴望寻找一份新的工作来获取成就感，因此，辞职的价值往往就是成就感和成长。

这个时候你会发现，其实你本没有什么矛盾，因为无论是安全感、稳定性还是成就感和成长，这些都是你需要的，也是很重要的。如果我们没有经过这种思考和分析，我们无论作出留下来的选择还是辞职的选择，我们都将丢掉一些重要的东西。

因此，统一的过程其实是寻找背后存在的合理性理由的过程，这个过程我们往往也叫发现价值和关注的过程。

矛盾是我们的一种感知，这种感受让我们很不舒服，因此，矛盾从本质上讲是我们不想要的。

辩证的分析会让我们慢慢地去发现行为背后的正面意义，此时，我们便开始能够接受这种矛盾，而不是沉迷于矛盾本身，这一步是我们从被动走向主动的开始。

统一让我们知道了矛盾背后的合理性，也就是我们想要的价值是什么。当我们经过统一的分析以后，我们就会有一个清晰的方向或目标存在：我要的是什么。这样，我们就会产生一种动力，愿意去寻找我们需要的而不是我们不要的。

当然，最重要的是最后一步，就是发展，我们如何从统一走向发展？

当我们知道我们想要的是什么的时候，我们就需要重新去寻找一种行为来与我们想要的结果进行匹配，任何结果的发生都是过往行为的一种体现。同时，我们在寻找新行为的过程中还需要对行为最后造成的结果进行评估，我们不能达到一个目标的同时又重新制造了一个新的问题，也就是满足一个价值的同时又失去了另外一个价值，这同样不是目标导向。比如，一个家庭主妇特别想上班，经过辩证思维和统一思维以后，她发现她想上班是为了实现一个重要的价值：得到朋友和获得尊重。但是，当我们寻找到一种新的行为，也就是上班的时候，她突然意识到她会失去另一个很重要的价值：责任与爱。因为孩子在家里没有人带，她会认为自己没有履行一个做母亲的责任，没有给予孩子母爱。因此，这种新行为往往也不是我们需要的，因为她满足一个价值的同时又产生了一个新的困惑和矛盾。

接下来，教给各位一个专门处理工作困惑和矛盾的工具——“左右为难技术”。这个工具遵守了几个基本思维：

- 目标导向思维：以关注要什么而不是不要什么为工作的重点。
- 双赢思维：让困惑或矛盾行为背后的价值能够得到更大化的体现。
- 矛盾、辩证、统一、发展思维：是这个工具的流程或进程。

“左右为难技术”的操作步骤可以用下面这个图来表示：

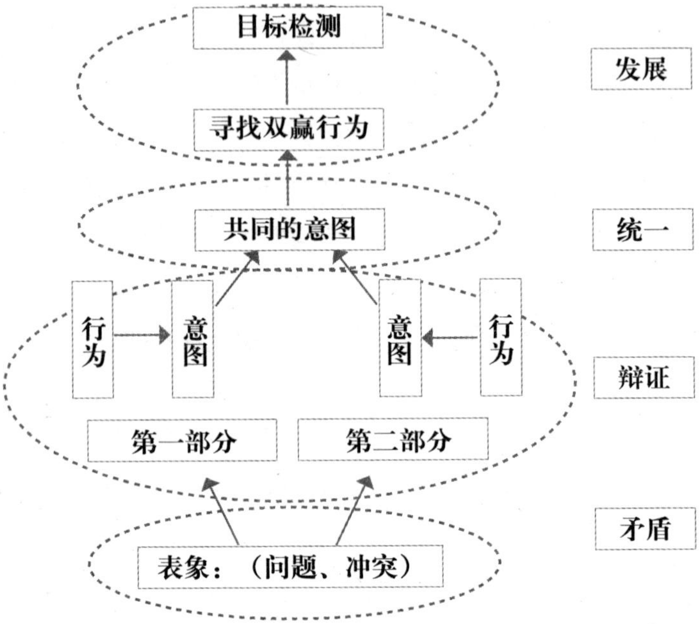

其基本步骤是：

第一步：确定矛盾的问题。矛盾的问题指的是“我想 A，我又想 B”，而不是“我想 A，我又不想 A”。如果说出的问题是“我想 A，我又不想 A”，那需要引导——“你不想 A，你想做什么”，如：我想留下这个员工，我又想把他辞退以后重新招一个员工。

第二步：确定一部分及其目的。存在即合理。我们之所以想要这么做，他背后隐藏的好处与价值在哪里，这一步非常重要，我们需要把行为和行为背后的好处与价值分隔开来。

第三步：确定另一部分及其目的。操作同上一步。

第四步：找到共同的意图。矛盾的不是意图，而是我们处理的行为。因此，本步骤是要求我们把行为背后的价值进行统一和整合。

第五步：用价值去获取行为。统一后的这些价值都是我们想要的，所以我们才会矛盾。现在我们需要反过来思考问题，我们需要用价值去寻找新的行为，这样，我们就用了双赢思维和目标导向思维。

第六步：对行为进行目标检测。我们需要检测一下，一旦新行为发生，会不会帮助我们实现重要的价值，也就是我们的目标，同时，在这一步里，我们还需要对周围进行检测，防止我们得到一些价值的同时，新行为会让我们失去另外一些价值。如果这样，我们需要重新返回到第五步，再次去寻找新的行为，直至检测通过为止。

“左右为难技术”是我一直在使用的一个技术，这个技术能够让你变得从容，并且充满快乐，为了帮助大家更好地理解和运用左右为难技术，下面附上一个我课堂中的案例给各位，期望对大家有所帮助。

“左右为难技术”课堂案例

【背景说明】

在我的一次课堂上，为了给学员演示如何找到第三解，且是双赢的解的时候，我需要在课堂上找一个志愿者，一则能够帮助至少一个学员解决实际问题，二则可以让大家掌握“左右为难技术”的核心步骤。当我表达完需要一名志愿者的时候，一位学员很果断、很迅速地冲到了我的面前。我不禁心里一沉，有惊喜，有犹豫。惊喜的是没有想到这名志愿者这么配合我，犹豫的是他这样迅速地冲了上来，看来问题并不简单。

【人物说明】

讲师：代表的是我。

客户：代表的是问题的携带者，即学员。

【搭建信任空间、同步、框架的建立】

讲师：你好，请问您怎么称呼？

客户：王加乐（隐去真名）。

讲师：你希望我怎么称呼你？小王，加乐，还是其他呢？（给他至少三种选择）

客户：加乐吧！

讲师：好的，加乐，你能够给我多长时间呢？20分钟，可以吗？

客户：我觉得有困难。

讲师：你觉得困难的原因在哪里？

客户：这个问题我不相信有办法能够解决。（哈哈，果真如此！）

讲师：（谢谢你，给了我一个暗示）这是另外一个问题，现在我关注的是你能不能给我20分钟的时间，我们一起来寻找基于双赢的解决办法。

客户：嗯，可以。

讲师：接下来我还要征得大家的同意，毕竟，这是在课堂上，看看大家能不能给我们20分钟，并且配合我们在这个过程中照顾好自己，不要说话？

其他学员：可以。

【矛盾：描述问题，冲突的两种行为】

讲师：很高兴也很感激你能够这么迅速地走上来，我猜测这个问题确实让你很纠结，很矛盾，以至于你这么急切地想解决它。

客户：是的，特别困难。

讲师：能不能说给我听？

客户：我是一个中层管理者，下面还有一些基层管理者，他们分别带领着一些团队，有一个基层管理者让我很头疼。

讲师：能具体谈谈吗？

客户：这个基层管理者是一个关系户。因为我们行业的特殊性，我们需要和当地政府部门打交道，也需要处理好关系。这个基层管理者和政府部门的关系很好，也是一个非常听话的人，但是管理能力不够，团队带领得非常糟糕，团队成员对他的抱怨很大，我也很为难，以至于现在我不知道是不是应该把他辞退？

讲师：你的意思是想辞退他？

客户：嗯，有这个想法，他现在确实让我很头疼，不过我觉得他还是有价值的，所以又想留住他，又想把他给辞退了。（矛盾的两个方面一定是既想 A，又想 B）

讲师：嗯，确实很头疼，我能否这么理解，你现在很困惑，是因为你下面的一个基层主管你又想留他，又想辞退他，是这样吗？

客户：是的。

【辩证：寻找第一种行为背后的价值点】

讲师：能不能借你的双手用一下，掌心向上，用你最舒服的状态放在你的腿上？

客户：可以。

讲师：你更愿意先处理辞退他的想法，还是留住他的想法呢？

客户：留住他吧。

讲师：很好，那你更愿意用左手来代替这种想法，还是右手来代替呢？

客户：右手。

讲师：好的，那我们能不能先把你的左手握紧，然后放到你的身后呢？

客户：可以。

讲师：现在我们能够想象这样一幅画面：画面中有你，可以在工作，也可以是其他情景。（停留 30 秒）能够想象到那个画面吗？

客户：已经想到了。

讲师：很好，画面中有人吗？

客户：有，我一个人在办公室里。

讲师：很好。那天穿了什么衣服，包括款式和颜色？还有外边的天气怎么样？周围的环境安静吗？

客户：那天我穿的是西装，还打了领带，天气很好，办公室里就我一个人，很安静。

讲师：好的，现在我们要问问画面中的加乐，我们能否让他给我们 2 ~ 3 分钟时间，我们需要和他进行一次交谈。

客户：可以。

讲师：谢谢加乐。现在我们需要给他提个问题，问问他留下这个员工的目的是什么？能够给他带来什么？

客户：（思考中）留住他能够使做事情更方便，尤其是和政府打交道的时候更省心。

讲师：嗯，非常好，那我们能不能问问加乐留住他还有没有其他的原因？

客户：嗯，其实这个员工挺听话的，留下他还能起到收集信息的作用。

讲师：非常好，还有没有其他需要添加的理由呢？

客户：没有了。

讲师：我不确定我能不能这么理解，其实留下他更多的是你希望得到安全感，当然这种安全感更多表现在与政府打交道以及来自内部。

客户：是的，没错，就是这样。

讲师：很好，那再问一下加乐，还有没有需要添加的呢？

客户：没有了。

讲师：那我们先让画面中的加乐工作，并向他表示感谢，一会我们需要的时候再把他请出来，好吗？

客户：好的，谢谢。

【辩证：寻找第二种行为背后的价值点】

讲师：那我们能不能把右手先收回，放到身后，同时，我们把左手请出来，掌心向上，好吗？

客户：好的。

讲师：你刚才有提到有些时候你也想辞退他，是这样吗？

客户：是的。

讲师：我们现在能否想象另外一个画面，画面中有你，可以是工作，也可以不在工作状态？

客户：可以。

讲师：（停留 2 分钟）想到了吗？

客户：想到了，我正在下班回家的路上，我正在开车。

讲师：哈哈，这个时候我们尽量不要打扰，我们能否请画面中的加乐先把车靠边，我们耽误他几分钟的时间进行一次有意义的对话呢？

客户：可以，现在他已经把车停下来了。

讲师：谢谢加乐，现在他周边嘈杂吗？有没有其他人呢？时间大概是几点钟呢？

【进入情境】

客户：下午 7 点 10 分，周围很安静，因为在郊区，路边很少有车辆和行人。

讲师：谢谢，现在我们需要向他提个问题：如果我们把这个员工辞退了，能够给我们带来什么好处呢？

客户：（思考中……）如果他离开，能够让出一个位置，这样能够让团队更加富有活力，因为有一个管理的岗位空余出来，大家会感觉到更多的希望，能力不错的人会感觉到有机会被提拔。

讲师：嗯，很好的理由，除此以外呢？

客户：还有，就是能够树立团队的原则，让每个人更加富有竞争性。

讲师：不错，还有没有呢？

客户：没有了。

讲师：我不确定我能不能这么来理解，其实辞退他也是有很多好处的，我不确定能不能把这种好处理解成为让团队更加富有竞争性和发展。

客户：是的，就是这样。

讲师：我们现在让画面中的加乐稍微等我们 2 分钟，一会还有更重要的任务要交给他，可以吗？

客户：可以。

【统一：寻找共同的价值点】

讲师：非常好，现在我们能不能把你的右手再次请出来，让左手和右手再次同时出现在你的眼前。

客户：可以。

讲师：非常感谢，接下来我再次陈述一下刚才我听到的，可以吗？

客户：当然。

讲师：我刚才听到并同你进行了确认，右手的加乐是希望留住他的，主要是基于安全感；左手的加乐是希望辞退他的，以便给团队带来竞争性和发展，是这样的吗？

客户：是的。

讲师：我想我应该可以这么来理解：你现在之所以为难，是因为对你而言，安全感与团队的竞争性和发展都是非常重要的，也都是你需要的，更是你不希望失去的，所以才会矛盾和纠结，是这样的吗？

客户：是的。

【发展：根据共同的价值去发现和寻找新的行为】

讲师：好的，现在我们能不能把右手正在工作的加乐再次请出来，还是在刚才的那个情景中？

客户：可以，他一直在等我们。

讲师：非常感谢。那么左手的加乐还在路边等我们吗？

客户：是的。

讲师：好，非常好！接下来我们要给他们一个惊喜，请你把你的左右手五指张开，然后慢慢地闭上你的眼睛。

客户：（没有说话，但是一直在按照我的话做）

讲师：接下来，我们把两只手进行交叉，然后握紧双手放在你的胸前，让两个画面中的加乐进行对话，这种对话是非常合作的、友好的、双赢的……

客户：（没有说话，但是一直在照做）

（这个过程非常有意思的是：客户刚开始眼睛闭得非常紧，然后慢慢地摇了摇头，接着眼睛不再闭得那么紧了，同时，眼睑出现了持续地跳动，面部变得非常红润，随后，慢慢地点头，点头，点的幅度越来越大，越来越大，最后紧咬嘴唇，睁开了双眼。）

讲师：你发现了什么？

客户：很神奇，我已经知道答案了。

讲师：哦？找到答案了，方便说一说吗？

客户：还是留下他。

讲师：是把那个困扰你的基层管理者留下来吗？

客户：是的。

讲师：你刚才说了，把他留下来会减少团队的活力、影响团队的发展，这些问题你准备如何解决呢？

客户：还没有想到。

讲师：那说明你只是做了一个决定，我们的工作还没有做完。刚才你说他留在这个岗位上的问题是自身管理能力不够，导致他所带领的团队成员不服他，影响了工作，那么我们有没有什么好的方法解决这个问题呢？

客户：（思考）我需要做一些工作，首先我需要回去与他沟通，告诉他我对他的期望，并且全面地给他分析他的问题与不足，然后我会以支持者的身份出现，辅导他如何树立自己的威信，同时，我也会帮助他在团队中树立威信，让他的团队配合他。

讲师：还有呢？

客户：我还需要帮助他将他的部门的制度更加精细化，并且监督他以身作则。

讲师：你确信你这样做可以解决我们上面说的问题吗？

客户：我相信，我真的这样做了，他所带领的团队的活力和竞争性以及发展是会得到很大改善的。

讲师：说得非常好，你也做得很优秀。

客户：谢谢你，真的很感谢，我没有想到我能够解决这个问题。

【对解决方案进行周边环境的检测】

讲师：哈哈，当你上来说不可以的时候，其实我已经知道你是完全可以的。不过，我们的工作没有结束。接下来，需要问问你自己：如果你这样做了，会不会对你周边的环境造成什么不好的影响呢，比如，你的公司，你的团队，你自己，还有你不再辞退的那个基层主管？

客户：不会，都会好的。

讲师：很好，那么你确定你会愿意这么做吗？

客户：是的，我愿意。

讲师：那你准备什么时候开始实施你的这项工作呢？

客户：培训结束回公司的第一天我就会开始开展这项工作。

讲师：这算是你的承诺吗？对自己的承诺，也是对团队的承诺？

客户：是的！

讲师：好的，谢谢你，也谢谢等待了我们将近20分钟的其他学员伙伴。谢谢！

（掌声中……）

4 左右逢源的职场互动

良好的沟通需要有一个基本的前提——

信息的对称。

信息不对称的沟通，

往往容易将沟通带入到一场战争中去。

4.1 带着影响去沟通

在我们的工作中至少有80%的工作都是需要与别人互动进行的：与领导、与本部门或本小组的同事、与跨部门的同事、与客户等。可见良好的人际互动对于一个职业人而言是何等的重要。然而，我发现80%的学员在听过我本章的课程以后都纷纷表示，他们之前的互动是有很多问题的，这一点并非是互动的心态不好——比如不尊重对方、不表达真实观点等，而是他们没有意识到自己有问题。

因此，在本章里，我将重点告诉各位如何通过有效的沟通来实现人际关系的有效互动。本章内容里既有理论，也有技术和方法，当然，我并非一个理论派，因此，技术和方法要远远大于理论。

我经常问我的学员：你会讲话吗？答案毋庸置疑。我同时又会问大家：你会沟通吗？这时候答案往往就没有那么整齐和响亮了。

每一个人从出生的一瞬间开始，就会用他的哭声和这个世界沟通，他用这种方式告诉其他人：他来了。还会用他紧握的小拳头告诉自己：他要抓住世间的一切。一个临终的老人，用他临走时的仪容来告诉这个世界：他走了。而此时，他则松开双手，告诉这个世界：原来他什么也没有抓住。

关于沟通，我有三句话要与各位分享。

第一句话：沟通的目的不是改变对方，而是影响对方

我们能直接改变另外一个人吗？答案是“能”！但是最有效的

方法就是你直接把他干掉。除此以外，我确实想不到还有其他的什么办法。但是，这种做法你愿意吗？答案当然是不愿意。因此，我们要记住，我们和对方沟通的目的只有一个：影响对方！

我们在任何情境下与任何人进行任何形式的沟通，其目的往往是为了影响对方做以下三件事：

- 调整他的观点——我们希望通过沟通能够给他更多的信息，以便能够影响他调整自己已有的观点；
- 修正他的行为——通过有效的沟通与互动让他意识到自己行为的不当或不妥，从而让他的行为发生改变；
- 作出希望的决定——通过表达期望、愿望等影响对方认同我们的观点，作出我们希望他作出的决定。

然而，上述三个过程的实现，无一例外都需要我们沟通的对象自己来完成。

第二句话：每一次的沟通行为都是一种销售行为

我们和任何人沟通其实都是在向对方进行一种销售，哪怕是一句简单的问好，往往也是一种销售，而你的动机就是你的产品。在工作中，和你的领导进行沟通同样如此，你销售的是你的思路和解决办法，期望你的领导来进行购买（领导对你的认同和支持）。

第三句话：销售的本质不是向对方卖东西，而是帮助对方买东西，沟通同样如此

销售的本质是什么？我的理解是，不是你在卖东西给你的客户，

而是在帮助你的客户买东西，这才是真正为了客户的“双赢”思维，这种沟通才是富有领导性的。一味向你的客户推销你的产品只会让他更加憎恶你和讨厌你，这种例子在我们购物的时候都是有亲身体验的。即使有时这种推销会成功，也不过是你想用这种方式来中断他的喋喋不休而已，今后自然不会再主动接近他。

虽然我是公司的老板，但我也是一名讲师，有时候我也会跟我的客户进行沟通。有一点是我自己非常引以为豪的，那就是每一次我和客户面谈培训合作事宜时，不能说 100%，但至少有 90% 甚至以上的客户会跟我们建立合作。并不是我们有什么很好的销售技巧，而是每次我们的沟通并不是以“卖”的心态，而是完全以“买”的心态来进行。了解客户是基于什么情景下需要这样一场培训，期望通过培训达成的目标是什么，对讲师期望的风格是怎样的，怎样设计课程才能够满足客户的需要……这些都是在帮客户买产品。

4.2 以成人心态去沟通

沟通中最重要的是什么？很多人可能都会告诉我以下这些答案：表达、倾听、反馈、肢体语言、微笑、赞美、内容、信息、了解对方、信任、理解、包容、宽容……

不能说这些不对，只能说不够本质。我的理解是：沟通中最重要的是心态。有句话说得很好：口乃心之门户。这句话是说，一个人嘴里讲的每一句话都是我们内心世界的真实反应，如果你的心态没有管理好，你就很难管理好你的情绪和你的内容。

我们可以想象一下：

- 一个心态消极的人能不能说出特别积极的话呢？答案是能！但是，是装的！
- 一个心态阴暗的人能不能说出特别阳光的话呢？答案是不能！装也装不出来！
- 一个偏激和偏执的人能不能讲得出来特别中立和客观的话呢？答案是不知道，因为你我不是那样的人！
- 一个格调非常低、容不下他人一点问题的人能不能写得出“北国风光，千里冰封，万里雪飘……”这样的万丈豪言？答案是能！那是在抄毛主席的！

我们在与他人互动的时候往往有三种心态。

儿童心态

一位父亲去接上小学一年级的孩子放学，老师告诉他孩子的考试成绩很不理想。只有38分。父亲一听立刻火冒三丈，想朝孩子发威，但需要一个导火索。刚好到了小区楼下的小卖部门口，孩子要吃冰激凌。接下来的事情就发生了：父亲站在他的正对面，用手指着他的鼻子，告诉他："你考这点分，还敢要冰激凌吃！"

各位，问题出来了，请问这个孩子还想吃冰激凌吗？答案是想！关键是，他还敢说吗？答案是不敢。

请各位记住，孩子此时此刻的心态就是沟通中的第一种心态：儿童心态。

所谓儿童心态就是一种"我不行你行"的心态。你说什么就是什么，虽然我不同意，也不会表现出来。当我们带着这种心态去沟通，表现出的行为往往是示弱的、倾听的、以对方为中心的、非理性的、非事实导向的、善于妥协和回避的、单向的沟通方式，这不是真正意义上的沟通。

父母心态

接下来，我们再思考，这位父亲为什么敢用这样的语气和孩子对话呢？道理很简单，他认为孩子是父母二人共同研发和生产出来的产品，所以对于这个产品是能控制的，何况，钱还在他兜里呢。

因此，此时的父亲就构成了我们在沟通中的第二种心态：父母心态。

所谓父母心态就是一种"我行你不行"的心态，听我说就好了，不管你同不同意，喜不喜欢，我说的就是圣旨，你直接这么去办就可以了？因此，我们可以说：父母心态是一种以自我为导向的、非理性的、非客观的、非尊重差异的、非以事实为依据的、强势的、善于竞争的、单向的沟通方式。

无论是儿童心态还是父母心态，都不是真正意义上的沟通，因为真正的沟通是由两个方面组成的：信息的有效传递＋情感的转移与互动。单向的沟通很难做到真正的信息的有效传递，同时，这两种沟通的心态往往也会把情绪带入沟通中，如：两个父母心态的人在一起沟通，都强调自己是正确的，忽略了倾听，最后要么是以“输—赢”的模式结束沟通，要么就是以不合作、无交易的“输—输”的模式结束，这种沟通很难做到“双赢”。

再比如两个儿童心态的人在一起沟通，虽然沟通的过程非常和谐，但往往双方会回避一些触及双方敏感或核心的话题，当遇到冲突的时候会选择以逃避或回避的方式来搁置争议，这是“双输”中的“双输”。双方表面上的愉悦只是一种假象，毕竟问题本身并没有得到解决，谁都没有影响到谁。

同样地，如果一个父母心态和一个儿童心态的人在一起沟通那就更有意思了。父母心态的那个人往往在一味地表达自己的观点，而儿童心态的人就不断地倾听、点头，但是我告诉你，他的点头往往并不代表同意，只代表“我在听，你继续”，或者代表他用点头这种方式来表达他的不满，他希望用点头这样的方式来快速结束对话，逃离这个让他不舒服的环境。

什么情况下，我们会具有儿童心态呢？当我们与上级领导进行沟通的时候，我们往往会表现出儿童心态，主要体现在我们向上沟通的时候缺乏胆量，有时候不敢真实或全部地表达我们的思想，比如：向领导反馈的时候不够主动、积极、真实，放大好消息，回避坏消息，这都是儿童心态的并发症的表现。

什么情况下，我们会具有父母心态呢？如果你是一名管理者，你在与下属沟通的时候往往会情不自禁地带着父母心态，比如，你往往会让你的员工到你的地盘上去进行沟通，他首先在地理位置上就不占优势，来到你的办公室后，你坐在宽大的真皮沙发里，而他呢，则坐在你对面的硬板凳上，你和他面对面沟通，向一个判官一样看着他，在这种环境下，他就会慢慢地进入儿童心态，而你往往不自觉地进入了父母心态。尤其当他不够认同你的观点而你又失去耐心的时候，你总是拿起你权力的大棒告诉他：到底我是领导还是你是领导？出了问题你负得起责任吗？别那么多废话，你按照我说的办就行了……

成人心态

什么样的心态是我们需要的沟通中的心态呢？答案是：成人心态！

所谓“成人心态”是一种“我行你也行”的沟通心态。在这样的心态上，我们会真正地尊重对方并善于倾听，对事情采取客观、理性的双向沟通方法，这才是真正的沟通。

现在很多管理者的办公室都采用了与以往不同的装饰风格，体现出我们的沟通环境越来越多地走向了成人心态。

过去管理者办公室的装修：首先，墙和门都是实体的，不是玻璃的，这样，我们在外边看不到里面发生了什么，会造成信息的不对称；其次，在办公桌的正前方放两把椅子，但是这个椅子我敢保证肯定没有他自己坐的那一把椅子质量好。

在这个环境下，我们如果去找领导沟通就比较谨慎了。首先，因为我们看不到里面，所以不确定来的是不是时候，甚至有时候我们在敲门前还会偷听一下里面有没有声音，自然我们敲门也不会有底气。如果这时候，里面的管理者说：谁啊，等会！我们就会有一种紧张感，心想自己来得真不是时候。当我们进去时，他会告诉我们：坐！我们坐在哪里？我们坐在硬板凳上，而他呢，则坐在比我们好得多的椅子里。这样，我们很容易形成儿童心态。

现在管理者办公室的装修：首先，那堵墙和那扇门已经不再是实体的了，往往以玻璃来替代，虽然不一定是透明的，但即使是磨砂玻璃也至少让我们能够隐隐约约地看到里面，这样信息就对称了；其次，虽然管理者的办公椅还是真皮的，档次很高，但是很好的一点是，已经把对面的那两把硬板凳给去掉了，取而代之的是在房间里放一个转角沙发。

想一想，这时候我们进去沟通的时候就不一样了。首先，我能看到他在里面做些什么，大致判断出他现在方不方便沟通。如果这个时候他看见了我们，可能会主动招手让我们进去。然后他会说：坐！这个时候，我们会坐在哪里呢？当然是沙发。而他也会从自己的办公桌后面走过来，坐在沙发的另一角。90度角的沟通是最好的沟通方式，不会让对方感受到那么大的压力，这样，更容易让我们以成人心态进行沟通。

4.3 每一个人说的话都是“鬼”话

良好的沟通需要有一个基本的前提：信息的对称。信息不对称的沟通往往容易将沟通带到一场战争中去。然而，人与人的沟通刚开始又是注定从不对称开始的，因此，如果我们没有倾听、没有还原的过程，就往往注定了我们一定会把沟通带入战争，只是这种战争有时候会明显地表现出来，发生激烈的冲突——如吵架、极力地争输赢。而有时候会冷处理，也许你并不同意对方，但是你会选择回避，这点往往在与领导的沟通中表现得更为明显。

之所以在这里大胆地提出这样一个观点，并非是空穴来风，而是我们每个人所表达的话语都经过了两道工序的处理：第一道工序是信息的获取，第二道工序是信息的处理，而无论是这两道工序中的哪一道工序，都会有差异存在。

信息获取

信息的获取来自于我们的五感：

第一感：视觉

在我们每一天所说的话中，有些是因为我们看到了一些东西，所以才会表达出来，并告诉别人。比如下面这些话：

✦ 我特别喜欢这件衣服——可能是因为你看到了衣服的颜色或款式；
✦ 他是一个好人——可能是因为你看到他做好事的一些场景；
✦ 这个人真讨厌——可能是你看到他做了一些你不喜欢的事情；
✦ 我很久没有看到这样的好天气了——可能是因为你看到了蓝天白云；
……

第二感：听觉

有时候，我们发表的观点是基于我们的听觉所收集到信息，比如：

✦ 我讨厌这个环境——可能是你听到了这个环境里嘈杂的声音；
✦ 这个人特别没有素质——可能是你听到他说了一些脏话；
✦ 某某公司是一个非常人性化的公司——可能是你听到了别人对它的评价；

✦ 田震是一个非常优秀的歌手——可能是你听了一些她唱的歌曲；

……

第三感：触觉

当我们触摸到一些物品后，我们会根据自己的感触来发表自己的观点，如：

✦ 这个人一点都不热情——可能是因为你和他握手，他表现出的无力让你感觉到的；

✦ 这个还不能吃——可能是你触摸到煮在锅里的肉还很硬；

✦ 今天你需要多穿点衣服——可能是因为你刚从外面回来，感觉很冷；

✦ 这个衣服不好——可能是通过触摸感觉布料很粗糙；

……

第四感：嗅觉

有时候，我们发表观点并非是因为我们看到、听到或接触到了什么，而是通过嗅觉作出的表达，如：

✦ 这个女人跟妖怪一样——可能是你闻到她身上有一股过重的香水味；

✦ 在火车站里特别难受——可能是因为火车站里空气流通不好，有难闻的气味；

✦ 我特别喜欢割草——可能是因为草的香味；

✦ 我特别喜欢 ××× 牌子的香水——可能是这款香水的气味是你特别喜欢的；

……

第五感：味觉

最后一种收集信息的渠道是味觉，是指食物在人的口腔内对味觉器官化学感受系统的刺激并产生的一种感觉。比如：

- 这个厨师真棒——可能是你吃了他做的饭菜觉得很好吃；
- 土豆这样做才是最好的——可能是因为你正在吃土豆做的菜，你感觉味道很好；
- 她妈妈是个非常厉害的人——可能只是因为你曾吃过她妈妈做的饭菜；

……

我们可以通过下面的一个小场景来整合上述 5 种信息的收集过程：

母女俩在超市买肉，女儿看到一块肉很新鲜（视觉）向妈妈说道：“这块肉不错。”妈妈听了女儿的话（听觉），拿起那块肉往鼻子上闻了闻（嗅觉），说：“是挺新鲜的。”然后又用手捏了一下（触觉），说：“不过没有什么肉，都是骨头。”女儿说：“做骨头汤应该很好吃（味觉）。”

信息处理

当我们接收到信息以后，在表达之前我们还会对信息进行处理，然后才会表达出来，当然，这个处理的过程是非常迅速的，且多数情况下都是察觉不到的。我们可以用下面这张图片简单说明：

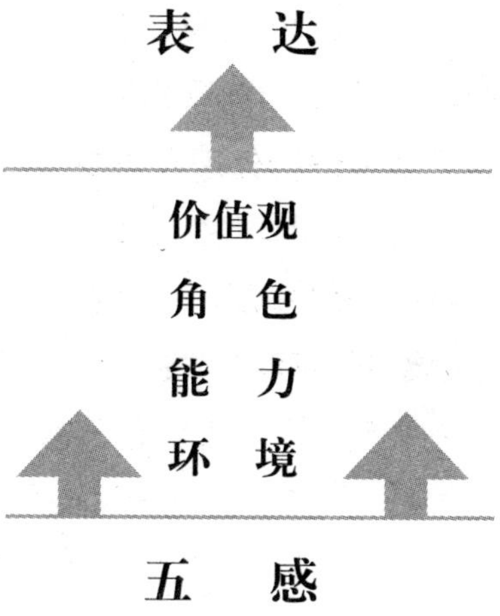

通过我们的价值观进行处理和过滤

价值观是指一个人对周围的客观事物（包括人、事、物）的意义、重要性的总评价和总看法。一方面表现为价值取向、价值追求，另一方面表现为价值尺度和准则，这两方面成为人们判断事物有无价值及价值大小的评价标准。个人的价值观一旦确立，便具有相对稳定性。

简单而言，就是我们对正确与错误、重要与不重要、紧急与不紧急、需要与不需要等评价的标准。如：同样是一个人，同样是说了一些话或者做了一些事，但是每个人会基于自己的价值观发表不同的观点。也许有人会说“这个人很有意思”，而另一些人会说“这个人很讨厌”。

通过我们的能力进行处理和过滤

比如你参加一个朋友聚会，遇到一个小伙子，在跟你沟通的过程中总喜欢夹杂一些英文，如果你是个英文能力不错的人，你可能会说“这个小伙子挺不错的”，但如果你是个不懂英文的人，你可能就会说“这个小伙子挺拽的”。

通过我们的角色来进行处理和过滤

这一点在职场中表现得非常明显，比如在和领导沟通的过程中，我们所表达的往往是对自己有利的信息，而忽略掉一些不利的信息。这一点在领导的信息反馈中同样会表现出来。

通过我们所处的环境来进行处理和过滤

同样一件事，每个人所处的环境不同，所表达出来的信息也是不一样的。比如一件事情对你很重要，你可能会要求别人马上去处理，但如果对别人并不很重要，他可能会说："有时间我处理一下。"

这里我想到了一个故事，这个故事是非常能够说明上述信息处理过程的。

有两个小孩A和B。A的家境很好，从小到大没有受过什么苦，接受的教育也都是阳光教育，因此他把世界上的一切都想象得很美好，心态也非常阳光和积极。而B从小就被人抛弃，在孤儿院中长大，吃不饱、穿不暖，还受人白眼，因此心态比较消极，想问题也相对极端。

有人让这两个孩子做同一个测试：把4件物品分别摆在他们面前，然后让他们表达一下对这4件物品的理解。这4件物品分别是：瓦片、春蚕、圆规和天平。

20分钟后，他们分别表达了各自的看法：

关于瓦片——

A：手挽着手挡风遮雨，给别人带来一片安宁。

B：整天在外抛头露面，只是为了得到别人的表扬。

关于春蚕——

A：吐尽了丝，才悄然离去，实在是让人敬佩。

B：作茧自缚，活该。

关于圆规——

A：一举一动之所以符合标准，其原因在于坚定不移地围绕着一个固定的中心做有规则的运动。

B：不管多么努力，成绩始终为零。

关于天平——

A：公正无私的楷模。

B：谁给多点，就偏向谁。

各位，想必现在我们应该能够理解我之前所提到的“每个人说的话都是‘鬼’话”的真正意思了。每个人所表达出来的话语都是经过其信息的收集和处理后所演绎出来的。由于每一个人在收集过程中得到的信息是不同的，在处理过程中也是不同的，因此，每个人说的话对于沟通中的对方来说都可以理解成是“鬼话”。当然，这并不代表对方说的是假话，而是在沟通的过程中，我们不能听到对方所说的话后马上进行回应，这样往往会导致信息的不对称，很容易将沟通带入战争中去，这不是“双赢”，而是“双输”！

4.4 谨防删减、普遍化和曲解

在前一节中，我们提到了我们是如何来说话的，每一个人说的话都是经过了信息收集和信息处理的两个过程，而这两个过程往往都是存在很大差异的，因此，良好的沟通需要我们越过三道坎儿——删减、普遍化和曲解。下面这个故事，正是因为在沟通的时候出现了这三道坎儿，而又没有进行处理，才导致了一个糟糕的结果。

猫到林中捕鸟，遇到了一只关系不错的麻雀，麻雀问："亲爱的猫大哥，你到哪里去啊？"

"我去林子里捕鸟。"猫答道。

"啊，猫大哥，千万别伤害我的孩子。"

"你的孩子长得什么样啊？这可得让我知道。"

"我的孩子啊，长得最漂亮。

"知道了。"猫认真地回答，麻雀放心地飞走了。

猫在林子里找来找去，鸟巢里尽是一些美丽的小鸟，猫都担心是麻雀的孩子而不敢下手。终于，他发现了一群长得非常"难看"的小鸟，于是猫放心地饱餐了一顿。

猫在回家的路上又碰到了麻雀。猫说："你放心吧，我吃得是最丑的鸟。"

麻雀回家一看，她的"漂亮"孩子一个都不见了，窝里还有几根猫的胡须。

各位，这个故事中麻雀妈妈为什么会受伤，因为在沟通中没有表达清楚，导致双方的信息是不对称的。当然，从另外一个角度而言，这只猫也不是一个沟通高手，即使对方没有表达清楚，我们也可以通过询问进行了解，把不对称的信息进行还原。

首先，麻雀只是表达了一个美好的愿望，希望猫先生不要吃它的孩子。而猫先生也是同意的，但是在询问的过程中，有很多信息进行了删减、普遍化和曲解。比如：你的孩子在哪里？一共有几个孩子？具体长什么样？漂亮指的是什么？等等，这些信息都是没有进行沟通的。

实际的工作中也是如此：我们每一个人说的话都经过了自己的信息收集渠道和处理过程，因此，我们的表达总是带有一定的删减、普遍化和扭曲的，这并非是表达方有意识的做法，而完全是潜意识中一种本能的做法。如果我们不对删减、普遍化和曲解进行了解，就有可能制造出一个又一个误会和矛盾，虽然工作中某些误会并不会在结果上带来多么大的影响，但这往往会影响我们的工作效率，从某种角度而言，信息不对称的沟通会为我们的公司带来更多的成本。

有一次，我去一个国内知名的国企讲课，遇见一位处长，他跟我说了一个例子：他的领导交代了一件很重要的工作给他，他委托他的下属去执行。第二天，他的领导来询问结果，这位处长便去问他的下属进行得怎样，而这时这位下属却告知：他还没有开始做这件事。这位处长气不打一处来，责备他的下属为什么拖了这么久还没有做。这位下属也很委屈："我不知道你这么着急，你只是让我尽快办，我准备今天下午等手头的工作忙完以后就开始办。"

类似的例子我想在工作中数不胜数，几乎我们身边每天都在发生，可见，沟通中保持敏感度、让信息保持对称是多么的重要。

下面，我具体地说一下什么叫删减、普遍化和曲解。

删减

删减是语言表达的必然，就是当我们表达或聆听时不能将整个体验的所有细节都说出来，而是根据自己的需要、喜好把不喜欢的信息都删减了，听者也存在这种可能。紧扣中心的适当删减使表达简练易懂，而过分删减则会产生错误的理解。

比如在现实工作中，你的领导在给你分派一项任务的时候，他可能会告诉你："小张，通知大家下午 4 点钟开会。"这句话中，就包含了很多删减的部分：下午指的是今天下午还是哪天下午？开会在什么地方？什么时候结束？什么主题的会议……这些都进行了一定的删减。

普遍化

简单而言，普遍化往往就是个人按照自己的理解以偏概全的一种表达方法，这往往会影响我们的沟通，因为对方的普遍化中具体的人或事是什么我们并不清楚，按这样的情况去进行沟通是非常危险的。

比如：有人告诉你，我发现你们公司一塌糊涂。这就是一个普遍化的对话，这时候如果你说："没有啊，我们公司很好！"这样，两个人的沟通就会有障碍。哪些地方一塌糊涂，是因为过去发生了什么，从什么时候他有这种感觉的……这些我们都需要去了解清楚，否则，我们就会把沟通带入战争中去。

工作中，也有同样的事情存在，比如，在会上你的领导可能会发火，然后说一句：我发现你们从进公司到现在，没有一件事做得让我满意。这也可能是个普遍化的结果，真的是没有一件事情让领导满意吗？那可未必！

因此，在沟通中，我们需要对沟通对方普遍化的信息先具体化，这样，我们才能在信息对称的情况下进行沟通，这是“双赢”。

曲解

曲解指的是由于个体的差异，对某些词语的理解是不同的。比如：每个人心中的重要是不同的，也许对某些人而言，物质是最重要的，而对某些人而言成长则是最重要的。这一点尤其在西方的大选中表现得淋漓尽致。2012 年，法国新任总统奥朗德赢得了大选，得益于其竞选口号：改变，从现在开始！但是各位，我们有没有思考：每个人对于改变的理解一样吗？肯定是不一样的！但是，由于法国近几年来经济一直不景气，每个人都希望看到改变，但是有一点可以确定的是：每个人都希望改变，但每个人对改变的理解却是不一样的。

记得有一次，我在给某银行做完培训后，该行行长邀请我去她家和她的女儿聊一聊。她的女儿现在才 11 岁，但是几乎跟父母成了仇人，父母说什么她都比较抗拒。我去她家时，她的女儿正在楼上的书房里画画，妈妈让她叫叔叔，她也只是程序性地叫了一声，但听得出来，她并非心甘情愿这么做，她也并不想理会我这个陌生人。我示意她的妈妈离开，我知道，如果这个时候就马上投入“工作”是显然不合适的，于是我选择了坐在她的侧面，也拿起一张纸，顺手画了起来。每个人都是有好奇心的，过了没一会儿，在好奇心的驱动下她扭过头来对我说：“你画的是什么呀！”这不是询问，更像是质询，从语气中我敢确定她并不是要问我画的是什么内容，而是我画的确实很难看。“我画的是头牛。”她马上瞪大了眼睛，对我说：“这哪里是牛啊，这明明就是鸭子。”哈哈，我确实不会画画，把牛画成鸭子也就可以理解了，但我知道，这个时候就可以开始工作了。我问她能不能告诉我该怎么画，只见这个女孩也没有示意，就把我的画纸拿了过去，开始画了起来。这时候，我知道，信任关系已经建立起来了，现在可以工作了！

在我们进行了一系列的对话以后，她的一句话引起了我的关注：我觉得世界上所有的人都不喜欢我！

各位，这句话要注意了，这句话里面包含了我们前面所提到的删减、普遍化和曲解。

删减：我觉得世界上所有的人都不喜欢我！

删减的地方一共有两处，一是“觉得”，二是“我”。“觉得”——是什么时候开始觉得的？发生了什么事情？……这些我们并不清楚；同样地，“我”——指的是哪些方面？不喜欢“我”的什么？这些我们也并不清楚。

普遍化：我觉得世界上所有的人都不喜欢我！

“世界上所有的人”指的是谁？真的指的是世界上所有的人，包括那些不认识的人吗？

曲解：我觉得世界上所有的人都不喜欢我！

每一个人对于“喜欢”的理解是不一样的，什么叫喜欢？有些家长认为：让小孩学会体验挫折那是喜欢，而更多的家长则认为让孩子衣来伸手、饭来张口那叫喜欢。

所以，针对这句话，我知道我需要去做处理。在经过了长时间的还原以后，我才知道，在她的世界里，这句话的真实意思是：因为她的爸爸妈妈每天早晨起来都让她吃早饭，而且每天必须吃两个鸡蛋、一杯牛奶、两片面包，她很讨厌吃鸡蛋，但是她的爸爸妈妈就是“逼”着她吃，因此她感觉到这个世界上所有的人都不喜欢她。

哈哈，这是一个多么大的误会啊，可想而知，如果我们在沟通中，没有对删减、普遍化和曲解做处理，我们往往就会带着针对对方、搞定对方的心态去沟通，这样很难做到信息的有效对称，沟通便很难真正地进行和发生了。

在工作当中，有些无关紧要的删减并不会产生什么大的影响，双方都确定心知肚明的删减也无可厚非，如：今天的天气真好！这句话本身也有删减，天气指的是温度合适还是没有风或其他，是什么时候有这种感觉的，等等。但是这些信息无关紧要，也不会造成什么大的影响。可有些时候，必要的信息如果删减会影响对方后期的执行，如前面那句关于下午 4 点开会的话，如果我们没有及时把删减的部分找回来，就很可能在下午 4 点开会的时候遇到很多问题，如：不知道会议室在哪里，不知道来开什么会，有些该准备的东西没准备……因此，在沟通中，我们一定要将必要的被删减信息找回来，这样才能保证我们的沟通是在信息对称的情况下进行的。

4.5 良好沟通的秘密

传统的沟通方法

平时我们是如何与别人沟通的？我们往往是按照这样的逻辑来进行处理的：首先沟通时对方会向我们表达一个他的观点或感受（当然，这些观点和感受都是基于他的信息收集和处理的过程），当我们收集到对方的信息以后，我们会按照自己的处理方式来进行处理，然后把观点直接告诉对方。

我遇到过这样一个案例。有一位王女士，她的老公有了外遇，她非常痛苦，于是找朋友倾诉。她的朋友张女士是我的一个客户。有一次张女士与我沟通了她对此事的看法：不忠的男人不值得要，王女士的自身条件也很好，有车有房且都在自己名下，还有一份非常稳定的工作，待遇也很好，而且人长得也很漂亮，为什么非得死缠着这样的男人，最好早点离婚。

各位，发现什么问题了吗？这就是我们平时处理问题的思路。我们总是在收集到一个信息以后并没有真正了解就急于根据自己的判断标准来告诉对方该怎么做。这是什么心态？这是改变的心态。我们是希望改变对方按照自己的想法去做事，这不是沟通。真正的沟通是需要去影响对方，而影响首先是要去了解。

我们传统的沟通逻辑，可以用下面这张图片来进行阐述：

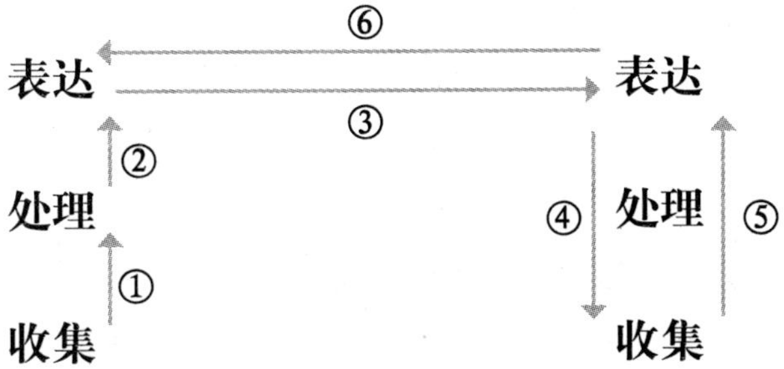

这样做的优点在于：效率很高，因为我们省去了很多麻烦，听到后直接回应，但这样做的风险也很高：

✦ 不能了解对方说这句话的真正原因所在，这本身就注定了是信息不对称的沟通方式。

✦ 我们仅仅以对方的表述（其实是可能经过删减、普遍化和曲解的）作为信息的全部，然后把自己的观点强加给对方，这不仅会让对方感觉到不尊重、不理解，还可能会让对方继续反驳，很容易把沟通带入战争中去。因为这种沟通方式不是“为了”对方，而是“搞定”对方，这不仅不符合我们前面讲到的“双赢”思维，而且也没有关注对方想要什么，这是以自我为中心的沟通方式，不值得提倡。

✦ 在信息不对称的情况下，我们按照自己的方式去进行处理，这样的处理方式是一种典型的以问题或解决问题为导向，而并非以目标为导向，这种思维的弊端我前面已经提到过，有可能不仅解决不了问题，还可能制造一个新问题。比如上述的示例中，我们只是按照自己的感觉就得出了一个结论：认为这个女的无能、没用，甚至还把这样的感觉告诉了对方。这样，往往不仅解决不了她的问题，还有可能让她觉得自己确实很无能、很没用。这样，也许她没有问题，但是你却给她制造了一个新的问题。

✦ 如果在工作中，用这样的方式与你的同事沟通，往往会影响你的人际关系，让你的同事感觉到不舒服，同时，也可能在彼此的沟通过程中变得没有那么愉快，最终把我们的精力放在争吵、说服和妥协当中。

✦ 如果你是一名管理者，当你的下属带着问题来和你沟通，你并没有询问，而是直接把你以为的解决方案给他，这不仅扼杀了他的思考与成长，同时，给出的解决方案也是风险极高的，因为你在信息不对称的情况下很难保证你的方案是最佳的。

至此，各位，我们发现平时无论是生活还是工作，我们是多么的不会沟通。每次我在课堂上讲到这里的时候，我都会再次问一下大家：你会沟通吗？大家往往都会纷纷摇头，我再问：你会说话吗？跟之前的结论完全不同的，大家还是纷纷摇头。这就对了！记住：当你感觉到不舒服的时候，你的学习和成长才刚刚开始。

这不是某个人的问题，而是带有一定的普遍性，毕竟，我们很多人都是效率优先而非效果优先的，这不仅在沟通，在其他很多层面上我们都是这么做的。因此，我们不必自责自己不会沟通，而要庆幸我们现在已经知道了沟通中所存在的问题，当问题来临且被我们捕捉到的时候，我们的学习和成长也就开始了！

正确的沟通方法

如何规避上述“以问题为导向”或“以解决问题为导向”的沟通思维，减少沟通中的风险，让沟通双方能够在信息对称的情况下“以目标为导向”建立真正意义上的沟通呢？

下面我重新绘制的这个路径图可能会更适合：

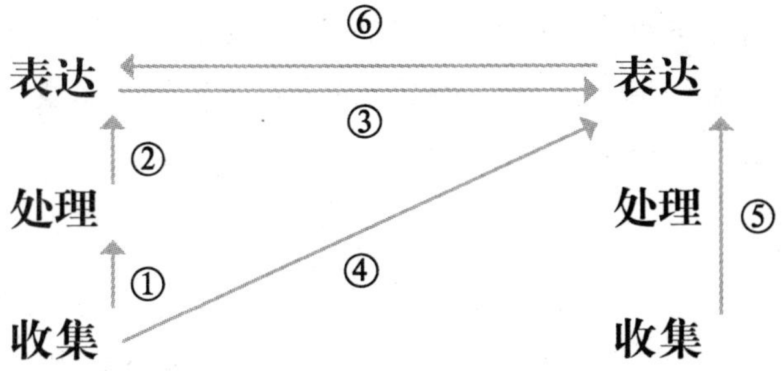

接下来，我来做一个简单的解释，就用我非常喜欢的乐队组合——水木年华的几首歌曲代表我们沟通的几个过程。

- 《启程》：首先我们应该建立这样一种信念——对方说的话，无论我爱不爱听，都只能基于他的五感（看到的、听到的、触到的、嗅到的、尝到的）和他的价值评判标准来进行表达，并不代表我是这样，也并不代表我一定要认同和认可，但是我需要启程去了解和发现。
- 《直到看见大海》：接下来，我们需要的是先屏蔽自己，不急于发表自己的观点，毕竟我们只收集到了对方的一两句话。“存在即合理”——他之所以这样说，一定有他的道理，我需要更多地去了解，而不是急于基于我自己的价值标准快速做出判断并强加给对方。我们需要去还原和询问，了解更多的信息，直到看到大海。

- 《宝贝你听到了吗》：第三步，当我们看到了更多的信息以后，我们还需要一个确认的过程，类似于用“宝贝你听到了吗”这样的询问方式进行一次确认。之所以要确认，是因为我并不确定是否真的“看到了大海”，也许还有遗漏的信息需要对方补充。
- 《完美世界》：到此，我就可以发表自己的感受了，这叫做反馈。这样的沟通才是信息对称的，才能达到沟通中的“完美世界”。

沟通可以定义成四步：倾听、还原、确认、反馈。

高效互动第一步：倾听

关于倾听是什么，这里我并不想去解释，但有一点是肯定的：我们平时都不善于倾听。请你仔细想一想我们平时是如何做的：

- 是否经常出现别人还没有把话说完我们就会打断对方的情况；
- 是否别人刚刚表达完我们就急于发表我们的观点；

✦ 是否在别人刚说完我们就用一句简单的“我知道”开始一番长篇大论，但其实并没有真正的“知道”；

✦ 是否在别人刚开始说的时候，就已经心不在焉，开始在心里想着接下来该如何表达甚至“搞定”对方；

……

上述这些行为的出现往往都是因为我们在沟通中没有形成良好的倾听所致。良好的倾听应该具备以下几个功能：

✦ 倾听是一种最基本的尊重，也能使我们了解更多的信息，更是沟通的基础，否则很容易形成战争；

✦ 倾听不仅要听出内容，还需要听出情感；

✦ 倾听是对他人的一种基本认可；

✦ 理想的倾听是让对方感受到：你一直在他的身边，所以需要用无声的语言告诉他。

在倾听的过程中，我们不仅要听，还需要有目标地听。倾听中的两个目标是：

✦ 目标一，搭建信任空间，这对后期的沟通会产生直接作用；

✦ 目标二，听出可能存在的删减、普遍化和扭曲，为第二步还原做好准备。

信任空间的建立非常关键，没有信任的沟通不是真正意义上的沟通。因为缺乏坦诚，信任关系建立的核心就是相互接纳，这样，我们才是带着“为了”而非“搞定”的心态去交流与互动，也只有相互接纳，才能够让对方有意愿真实地表达观点。

如何才能在沟通中建立信任关系，这里有一项非常关键的技术：**同步技术**。如果我们能够真正掌握这种技术，就能在很大程度上减少我们在人际互动中的障碍。同步是沟通的第一步，是沟通双方形成的为达到共同目标所采取的相互呼应、步调一致、节奏一致的态度。其实同步对于我们并不陌生，每天我们都在不断与他人互动的过程中有意或无意地进行了同步。

同步既可以发生在有意识的层面，也可以发生在无意识的层面。当我们习惯并熟悉地掌握了与他人互动中的同步技术以后，很可能就会在无意间与他人建立同步。同步的方法有很多，可以在语言层面上，也可以在非语言层面上，以下是一些简单的同步方法。

同步既可以发生在意识层面，也可以发生在无意识层面；既可以建立在语言层面，也可以建立在非语言层面。

语言同步

语言同步可以体现在专业词汇、方言、表达方式、语速、语气、语调、重音等方面。如：我在上课的时候，常会遇到很多学员的普通话并不标准甚至不会说普通话的情况，我除了认真地听以外，还会在沟通的时候使用几句方言，往往会引起哄堂大笑，但这并不是嘲笑，而是一种迅速建立信任关系的方法，因此，这也成了我在培训时的一种惯用模式。

再比如：有一次，我在面试时遇到了一个90后的小伙子，他说话时喜欢夹杂几个英文单词，我在回应他的时候也夹杂了几个英文单词，自然会收到神奇的效果。

这里要说明的一点是：同步不是模仿，同步是一种关爱对方、以对方的立场去处理并表达尊重的沟通行为。

非语言同步

非语言同步可以体现在谈话内容、服饰、谈话姿势、手势、呼吸、速度等方面。

一是兴趣爱好同步。可将谈话内容引致兴趣爱好、价值观等方面，多使用他人说出的“词语”，比如专业术语，会收到很好的效果。

举一个例子：我们公司有一个小姑娘，来的时间并不长，而且之前也没有接触过培训，所以并不是很专业。有一天，她去见一个国内知名企业的人力资源总监，从上午10点一直到快下班才回来。我非常惊讶，因为在我的意识中认为她和客户本身是不太对称的，能够保持30分钟的谈话就相当不错了。于是，我好奇地询问了她们谈话的内容，结果她告诉我一直在和客户聊天。我问她都聊了什么？她说刚开始聊培训，然后就开始聊女性服饰、化妆品等内容，对方还请她吃了午饭。我看得出来她很有成就感。但这不是最精彩的，最精彩的是：客户后来把将近20天的培训全部交给了她。

各位，从这个真实的案例中你看到了什么？同步不仅能够让你和对方顺利互动，还能帮你赚钱。在上面的案例中，我听到的是她与客户在兴趣爱好上是完全同步的，当然，我更相信：除此以外，她一定有意识或无意识地运用了其他的同步技术，虽然也许她自己都不知道。

我们经常会说这样一句话：人生得一知己，足矣！但是各位，什么样的人才能称得上是你的知己呢？那就应该是彼此能在价值观层面上建立信任和同步。

二是呼吸同步。我们还可以利用呼吸来促进沟通。曾有心理分析导师认为："呼吸的同步具有诱导性，它可以诱导沟通者的心灵发生感应，从而使双方步调一致，彼此配合。"

同步呼吸的方法有很多种，经各方验证最实用的一种是这样的：

首先，选择最合理的空间位置。研究表明，双方保持90度角时，最能够感应到对方的呼吸，并且感受得最为全面。当然，根据环境不同，也可选择面对面或者较远处的位置，最少见的是背对对方。

其次，观察彼此的呼吸节奏，尽量与对方的呼吸同步。对方呼气，你也呼气；对方吸气，你也吸气。注意掌握呼吸的轻重缓急。

最后，自己发言时，也尽可能配合对方的呼吸。

据研究，这个同步呼吸法特别适用于对方的感情和情绪变化激烈时。

三是视线同步。同样地，在沟通中如果保持视线同步，也是能够快速建立信任关系的。

注视别人的眼睛可以暗示对方：你对沟通的态度是认真的。当你的目光投注在对方的眼里，对方也会配合你的目光。要让眼神与对方呼应，比如对方悲伤时，你也眼含悲意等。做这种目光呼应，不要过分专注，要显得自然，尽量让对方相信你是在体会他语言中表达的感受。

互相习惯彼此的注视之后，就可以让对视时间稍长一些，这时对方就会更乐于沟通，自然也就会为沟通铺平道路。当对方注视自己时，应与对方恰当呼应，这会让对方产生好感。

另外，还要能跟踪对方的视线，随着对方视线的方向而调整自己视线的方向。人们往往能够凭借着对同一事物的注视，而感应到共同点。

四是姿势同步。研究表明，人体常用的姿态不过三十几种，按人类总人口比例来分配，平均十几亿人就共有一个姿态。这的确是个惊人的比例。也就是说：你每做一个动作，可能就有十几亿人和你有做这个动作的共同点。

倾听他人讲话是沟通的必要条件，如果倾听时能够找到彼此姿态上的共同点并加以运用，对方一定会更有认同感。倾听时，频频点头的动作可以和对方的语言节奏相一致。姿态和动作渐渐变得相似时，表明沟通正在深入，沟通越深入，姿态就会越相似。你可以把身体主要部位的姿态和对方保持一致。试想，如果对方小声地说话，你却声如狮吼，自然很不和谐，所以你也会下意识地让自己小声一些。

五是速度同步。当你懂得与对方在呼吸、视线、姿态等方面同步时，沟通就开始变得容易了，但此时还得配合对方各方面的速度，也可以说是节奏。沟通时的速度不是竞赛，不用争第一名，而应该彼此合拍。最简单的例子，就是一人唱歌时另一人为其打拍子。

和谐的拍子是根据他人说话的速度作出相应的反应。他缓慢地说话时，你也要缓慢地点头；他说话急速时，你也要迅速地作出身体动作或表情上的反应。

另外，还要训练自己的观察力。只有拥有敏锐的观察力，才能和他人的速度随时配合。

最后，我需要重点说明的是：同步不仅要应用于沟通开始时的信任建立，也要应用于沟通与互动的整个过程中，也就是说，我们始终需要保持同步。

倾听过程中，建立信任关系是我们的第一步，也是最为重要的一步，是贯穿在整个互动的过程中的。如果你认真地领会和练习，必将收到神奇的效果。除此以外，在倾听的过程中，我们还需要保持高度的敏感度，实现我们在倾听中的另外一个目标：听出可能存在的删减、普遍化和扭曲，为第二步还原做好准备。

高效互动第二步：还原

如果一个人告诉你他想离婚，我们首先要搞清楚他离婚的原因是什么，否则就没有权利给他建议，不然不仅解决不了问题，还有可能会制造问题。

因此，我们可以这么来理解：如果没有还原，我们就不可能在信息对称的基础上进行沟通，因此，还原的过程是非常重要的，也是最容易忽略的。

我们需要用什么来还原？当然是用**问题**。也就是说，在互动过程的第二步，我们需要通过提问来进行还原。

提问是一项技术。我认为，沟通高手未必是一个表达高手，但往往是一个提问高手，那是因为有效的提问是建立沟通的桥梁，让对方有更多的机会表达他的观点，有效的提问能够给我们带来更多的信息。当然，问题有时也会让人感觉不舒服。

我们都有这样的经验：去一家具店里买家具，一进门就会有人招呼我们："先生你好，欢迎光临！"这时候，出于礼貌，我们可能也会友善地点点头、微笑一下。但接下来，对方可能会连续向你发问：请问今天你想看哪方面的家具呢？要看什么价位的呢？如果这时我们的购买欲望不是非常强烈，或者今天只是来搜集信息，就可能会说："我随便看看。"再接下来，当你走到桌子面前的时候，对方马上又会向你介绍桌子的相关信息。慢慢地，我们就会越来越感到不舒服，最后，我们会选择快速地离开这个店面。

事实上，我们是被对方的问题给推出门的。问题指向谁，谁就会感到不舒服。原因很简单：问题指向谁，谁就需要去思考。提问的人就像在脱别人的衣服，当你把问题指向对方的时候，他的回应就会让你看到更多的信息或内容。

问题在谁手里，谁就会感觉到不舒服。因此，在提问前需要得到对方的允许，这是很重要的。

因此，我们要强调一点：有效的提问和信息还原一定是基于同步建立信任和对方允许的框架下来进行的。所谓允许，就是我们在提问前要先征得对方的同意再进行提问，这是尊重和重视对方的一种表现。

我们可以再来想象一下：你再次去同一个家具店，随着迎宾小姐一声“先生您好，欢迎光临”后，紧接着她又说道：“先生，我可以请教您三个问题吗？”如果这个时候你说可以，那么我相信接下来你的感受会完全不同，而且会很配合她。感受的不同来自于她的提问得到了你的允许，这是受重视和被尊重的表现。

因此，在我们公司，我总是要求我的同事在和客户进行沟通的时候，在提问之前一定要得到对方的允许。

那么我们该如何来提问呢？在还原技术里面，我们可以用到一种沟通中的语言对话模式——梅塔语言模式（Meta-Model）。

梅塔语言模式是用来获取信息、把问题由表层进入到深层的一种对话术。通过梅塔语言模式，能够打破自己的感知限制，防止因信息不对称带来的无效沟通。

梅塔语言模式的建立者理查德·班德勒（Richard Bandler）和约翰·葛林德（John Grinder）是神经语言程序学（NLP，Neuro-

Linguistic Programming）的创始人，他们一直在研究问题到底可以问到多深的层次。非常有意思的是：在研究的过程中，两人的妻子都跟他们离了婚，也许他们太专注于自己对问题的研究，而拿他们的妻子做实验，不停地问问题，以至于他们的妻子最后都无法忍受。因此，提醒各位：梅塔语言模式并不适用于所有沟通。比如，中国人传统的问候方式是非常淳朴的，如果有个人和你打招呼："吃饭了吗？"你只需要简单地回应："吃过了，你呢？"这就够了。我们无需应用梅塔语言模式去进行提问，如果你这样来办，估计对方会疯掉的。

- 你是问我有没有吃过吗？
- 你问我吃过了没有指的是早餐还是午餐还是晚餐呢？
- 你是问我今天有没有吃吗？
- 你是问我中午有没有吃米饭吗？

……

说到这里，我想起曾经有一次在我的培训师培训课上，我讲完讲师的对话模式（其中之一是梅塔语言模式）后，有个学员第二天来告诉我，昨天晚上他差点和他的妻子打了起来，其罪魁祸首就是梅塔语言模式，事情是这样的：

培训课结束后，他非常感兴趣，晚上回家就忍不住和他太太开始应用了。当时他的太太告诉他：老公吃饭了。他马上做出反应，当然，他在提问前是征询了太太的同意的：

- 我可以请教你几个问题吗？
- 你说的老公是我吗？
- 你说吃饭了是指的现在吗？

……

可想而知，他的太太听到这样的提问以后是何等的崩溃。

因此，我们说：在无关紧要的沟通里，我们无需太多的使用梅塔语言模式进行提问。但在工作中，应用梅塔语言模式进行还原是非常关键的。

比如：你的领导给你分派了一项工作，要你把文件复印一下。这时你只需要简单的一个提问即可：领导，你需要我印多少份？是一份吗？如果你没有提问，也许最后你印了一份，但你的领导却要求你复印 5 份。

我们可以这么来理解：工作当中，领导在分派任务的时候往往没有把明确的标准给我们，梅塔语言模式可以帮助我们用提问的方式了解领导的标准是什么，否则，我们的执行往往最后不如领导所愿。

梅塔语言模式常见的提问方式如下：

谁、什么时间、什么地点、哪里、发生了什么、原因是什么、何种方式等。

如果一个人告诉你：我没有得到赏识？你就可以用梅塔语言模式对他进行提问（当然，提问前的允许是必要的）：

- 你没有得到谁的赏识？
- 什么时候你有了这种感觉？
- 发生了什么事情？
- 你觉得是什么原因让你没有得到赏识？
- 你如何意识到的？
- 你对赏识是如何理解的？

……

一个人如果告诉你：没有人关注我。你就可以通过这样的提问来获取信息，进行还原：

✦ 谁没有关注你？
✦ 什么时候你觉得没有人关注你？
✦ 发生了什么事情，让你这么觉得？
✦ 你对关注是怎么理解的？
✦ 你觉得原因是什么？
……

值得注意的是：提问时“为什么”的问题尽量不要问，一旦用这种方式提问，得到的答案往往是他的另外一种语言组织。

可以发现：通过梅塔语言模式的提问，我们能够把问题交给对方，让对方回应我们希望看到的冰山下的更多的东西；我们可以通过提问，把删减的信息进行还原、把普遍化的信息进行具体化、把曲解的信息进行复原。这对于我们的沟通是非常富有意义的。

高效互动第三步：确认

前面第二步我们通过提问了解了更多的信息，这些信息对我们的沟通非常有价值，接下来，我们需要对收集到的信息进行打包处理，也就是我们需要去确认。

确认的过程也是一项非常富有挑战性的工作。如果我们简单地询问了几个问题以后，直接用这样的方式来进行确认：“你的意思是……对吗？”这样做的风险往往很高，因为我们不确定前面是否已经把所有的信息都收集完了，如果这时候对方说：“嗯，基本上是对的，不过……”甚至对方直接说：“还有……”那将会让我们非常尴尬。因此，在确认的过程中，最佳的处理方法就是不直接提问，而引导对方来确认，这里就用到了另外一种语言模式：米尔顿语言模式（Milton-Model）。

米尔顿语言模式是被赞誉为医疗催眠的领头人米尔顿·埃里克森（Milton H · Erickson）所使用的一种非常模糊的语言模式。“可能”“有时候”“也许”“通常”“假如/假设”“同时”“当……的时候”“我不确定你/我不知道你/我很好奇你”“我在问我自己是不是你可以……”等词汇都是米尔顿语言模式中比较常用的一些词语。

关于米尔顿语言模式的内容和应用非常广泛，这里，我们只是简单地介绍一下如何运用这种语言模式在人际互动中确认信息。

当我们通过提问获取信息以后，我们就可以用米尔顿语言模式进行简单的总结和确认：

- “我不确定我是否可以这么来理解，……”
- “我想我是否可以这么认为，……”
- “也许，我可以这么来理解，……”

这一步，你只需要掌握通过不确定的提问让对方进行回应就可以了。如果得到了他的同意，那说明我们的确认过程可以基本结束。接下来，我们就可以给对方建议或反馈了。

高效互动第四步：反馈

关于反馈，其实就是我们如何去进行回应，这在传统的讲解沟通技巧的书中都有解释，包括语言、表达等。这里我不做过多的讲解，但我希望各位在与他人互动的反馈里始终要注意以下几点，其实这几点在本书的其他章节都有提到。

影响圈思维：我们能做到

在与他人的互动过程中，我们所讨论或表达的尽可能要在我们自己的影响圈范围内，也就是我们关心的是我们能做到的，这样，沟通才更加富有意义。

不抱怨思维：我们想要的

如果有人在沟通中向你表达一个抱怨，我希望你能够先把抱怨转变成愿望再进行沟通。你可以通过一个简单的问题来进行询问："你希望的结果是什么呢？""你想要的是什么呢？"好的沟通一定是去寻找想要的，而不是抱怨不要的。

目标导向思维：为了目标而非解决问题

沟通中，不要用"以问题为导向"的思维，而要善于从问题背后去寻找目标，并以目标为导向去进行沟通。关于"以目标为导向"的思维，本书前面已有详细的阐述。

"为了"心态

沟通中需要建立"双赢"思维和"双赢"意识，"为了"比"针对"和"搞定"更有威力。

最后要说明一点，上述要点不适用于工作闲聊或无关紧要的沟通，更适用于职场中的工作沟通。

5 做一名合格的下属

与领导相处的基本规条是：
不要试图去改变你的领导，
给予他足够的支持，
并不断通过你的行动产生价值，
这才是你的领导最希望看到的。

5.1 了解风格

我经常在课堂上问我的学员：你能不能在 1 分钟内说出你直接领导的 10 个做事的行为风格。很多人都纷纷摇头。

如果你想更好地和你的领导实现互动，有一件工作是你必须去做的：学会了解领导的行为风格，并按照他的风格去行事。

明朝的廷杖是很厉害的，动辄将人打残打死。朱元璋时期，刑部主事茹太素上万言谏书，直接批评皇帝滥用刑罚之事。朱元璋命令将谏书读给自己听，可是读到了 6000 多字，谏书却还在引经据典、歌功颂德，根本没有进入正题。朱元璋十分生气，把茹太素宣来，斥责一顿，再罚廷杖之刑。然后接着听人读下去，听着听着觉得有点道理，这时候茹太素的屁股已经开了花。再往下听，越听越觉得很有道理，就下令“不要打了”，而茹太素已经不省人事了。

茹太素该打吗？

当然该打！

原因很简单，你的沟通方式不是你领导的沟通方式。朱元璋是一个从乞丐一路拼杀到皇帝的人，这种人可以称之为枭雄，可以说是“打出来的英雄”。同时，皇帝哪有那么多时间听你磨叽，有事说事，无事退朝，你说他滥用刑罚之事，直接把问题点出来，同时附上几个解决方案让他选择一下不就好了，非得写得又臭又长。

如果你想让你的领导欣赏你，首先你需要知道他的风格，并且要和他的风格同步。

和珅这个人我们都比较熟悉，常在电影和电视剧里看到，虽然或多或少都进行了一些艺术加工，但是有一点是肯定的：他是个贪官。可问题的关键在于：他的直接领导——乾隆皇帝何等聪明，难道不知道他是个贪官吗？自然是多少知道一点的，可更关键是：为什么和珅还能得到领导的赏识和喜爱呢？这里面当然离不开和珅与领导的相处之道，其中流传最广的莫过于“乾隆放个屁，和珅他脸红”。各位，你能悟到什么？乾隆放个屁，和珅为什么脸红？我们可以想象一下：早朝上，文武百官正在讨论国家大事，突然，乾隆忍不住放了个屁，而那些臣子们听到屁声后都在找啊，看谁放的，这多尴尬啊，这时候，和珅的脸就红了，大家一看他脸红了，自然就知道是谁干的了。

与之相反的另一个故事是这样的：某市领导去企业考察参观，秘书、老板和市长等一干人在前往办公室的电梯里，这位老板没有忍住放了个屁，结果呢，市长就开始找啊，看是谁干的，当最终把目光锁在这位秘书身上的时候，秘书终于憋不住来了句：不是我干的啊！结果可想而知，老板的面子丧失殆尽。第二天，老板就把秘书给炒了鱿鱼，理由是：屁大的事情都承担不起！各位，我需要澄清的是：并不是以后领导放屁都需要我们承担，而是要告诉各位，领导喜欢的一定是临危受命、敢于替他两肋插刀的人，而并非是那些“面上好好，背后捅一刀”的人。

和珅之所以在官场上混得顺风顺水，确实跟他了解领导的风格、习性有很大关系。相比之下，比和珅大 30 岁的刘墉和大 26 岁的纪晓岚虽满腹文采，对皇帝忠心不二，却被乾隆爷评价为“刘墉遇事模棱圆滑，纪昀读书不明事理”，那么和珅在哪些方面得到了乾隆爷的欢心呢？

任何人都喜欢别人奉承，皇帝也不例外。乾隆皇帝就很喜欢听奉承话，但是和珅发现，乾隆所喜欢的奉承跟一般人不一样。一般人直接一个马屁拍过来就非常舒服，但乾隆不喜欢这样。为什么呢？因为乾隆觉得这太简单了，显得有点像侮辱他的智商一样，说他如何伟大、如何英明这种话他听够了。

和珅在这方面确实有天才，他采取的是隐蔽的、曲径通幽的方式。在乾隆面前，他既不装作是一无所知，也不装作是无所不知。要是一无所知，白丁一个，乾隆不会喜欢，因为你无能；要是无所不知也不行，因为乾隆认为自己很有学问，如果你显得比他还要有学问，乾隆也不会高兴。所以和珅的策略就是，既不一无所知，也不无所不知。乾隆皇帝一向自诩为天底下最聪明的人，但其实并非有多大的学问，顶多是大半瓶子醋。和珅就很明白这一点，既然皇帝是大半瓶子醋，那么我就得是小半瓶子醋，绝对不能再多了，跟皇帝一样多也不行，他就总比皇帝少一点。

和珅十分留心乾隆平时看哪些书，他先疏通皇帝身边的人，搞清楚皇帝最近读哪本书，他就回去加班加点地读。第二天，乾隆无意中提起来，他就顺便把自己读这本书的体会说出来，说得很精辟。乾隆大悦，觉得他是个人才。要是一般的人也就到此为止了，但和珅不愧是超一流的人才，他的过人之处在于，他明白还需要往里头添点料，因此总是故意留出那么一两处错误，乾隆一听就会予以纠正。这一纠正错误，马上就显得乾隆的学问高于他。这种纠正，让君臣交谈的气氛很融洽，让乾隆的心里很舒服。

后来和珅又发现乾隆喜欢当校对员，热爱校对书籍。当时官方会刻印一些书籍，凡是经典性的乾隆经常调来自己亲自勘阅，拿起朱笔一边看一边纠错。和珅发现这一点以后，他就把每次拿给皇帝校勘的书隔三差五地出个错，但又不能让错误很多，这样皇帝校勘起来就会很辛苦，还会大骂下面的官员无能、办事不力；也不能让它一个错字都没有，这样皇帝看着太难受了。所以和珅就排少量的错字在每本书里面，乾隆每隔两三页把它校出来，拿朱笔一勾，便觉得自己干了人生的一件大事，一件快慰之事，非常舒心，非常有成就感。这样做，比当面去吹捧皇帝，说您的学问斗载车量我们高山仰止之类的话要好得多。和珅充分满足了乾隆的虚荣心和成就感，这么骄纵皇帝，能不把皇帝惯坏吗？但是和珅这样做，就成功地擒住了皇帝的欢心，也就等于擒住了当时最大的一只蓝筹股，那他的股价还能不上升吗？

按照马斯顿（William Moulton Marston）DISC 理论（Dominance、Influence、Steadiness、Compliance）的分类，管理者大致可以划分成以下 4 种不同的做事风格，我更喜欢用 4 种动物来代表：

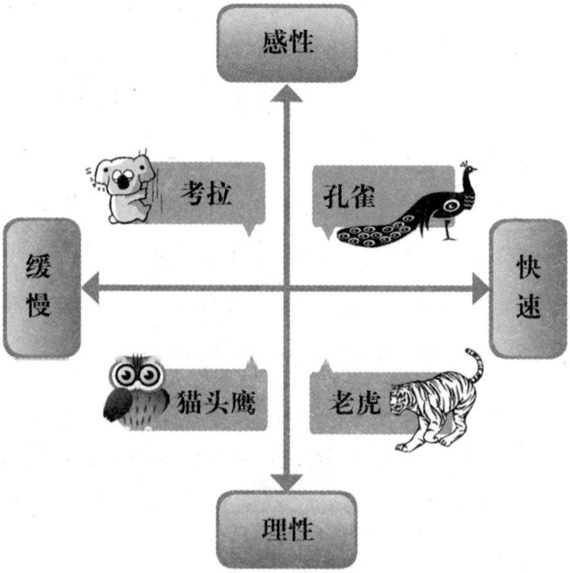

第一类：老虎型

我们想一想，老虎具有什么样的行事风格？

独居还是群居？

俗话说“一山容不得二虎、除非一公和一母”。这说明老虎型特质高的管理者强调控制导向，倾向于采用直接下指令的方式，而授权对他们来说是较为困难的事。换言之：老虎型特质高的领导，在分派指令的时候不喜欢别人产生怀疑，更强调别人的服从与配合。

吃肉还是吃素？

当然是吃肉！“肉”代表的是目标。老虎型特质高的领导是典型的结果导向和目标导向型的人，这也说明这类领导潜在的行为风格包括坚韧、坚持、不达目的绝不罢休、积极自信等，通常缺乏人际导向，自认为所作的决策已经解决了人的问题。

跑动起来快还是慢？

答案是很快！这说明老虎型特质高的领导做事的节奏非常快，而且要求别人同样快，因此，如果你的领导是老虎型的，你需要跟上他的快节奏。

面对猎物是直截了当还是优柔寡断？

老虎型特质高的领导一旦认准目标，便会直截了当，绝不优柔寡断。所以这种人往往被认为比较直接、敢于得罪人，在工作中也是如此。遇到冲突的时候，他们往往选择的是竞争策略而不是妥协策略，更不会是让步和回避策略，当然，如果是与他的上级产生冲突，他们也会坦诚地说出他们的想法，不会掩饰自己的想法。当老虎型领导带领的团队利益受到损害的时候，他们往往会和其他团队据理力争，不会轻易让步。

喜欢待在山上还是平原上？

答案是山上。待在山上能够让视野更加开阔。老虎型的领导是天生具有领导欲望的人，他们最在意的是舞台是否足够大，不会满足于已经获得的成功，而会不断寻求发展。具有挑战性的环境以及能够掌控全局的位置，对老虎型领导的事业发展最为有利。他们最怕的是：面对具有挑战性的环境却缺乏足够的资源。古今中外的领袖和名人中，老虎型的人所占的比例最高，女性亦不例外。

爱不爱咆哮？

答案是不爱，但一旦遇到对手或准备攻击对手的时候就会咆哮。老虎型特质高的领导也许平时没有什么脾气，但是一旦发起火来往往都是非常厉害的。

喜不喜欢被关在笼子里？

当然不喜欢，关在笼子里的老虎就不是真正的老虎了，甚至会变成猫。老虎型特质高的领导工作效率很高，能自我管理，在独立工作而没有太多监督的情况下，工作效率更高，他们擅长解决复杂问题，但不喜欢琐碎的工作。

总之，老虎型的领导由于具备了直接、讲究效率、坦率与真实、目标与结果导向等特质，也注定了他们在工作中是非常好的搭档。当然，由于他们性格中的一些特点也使得我们平时在工作中不太愿意和他们搭档，比如他们的速度和他们直接的对事不对人的态度。但不可否认的是：我们要感激老虎型的人的存在，他们向这个世界贡献了速度、力量和结果。

在我刚刚踏上培训讲台的时候，就遇到了一次挑战，那时候的我看着比现在还显得年轻，那天讲课的主题为《水性领导力》。刚刚热完身、破完冰、导入结束，还没有讲到水的性格，就收到了一张纸条，上面给我写了一个问题："陈老师，你说共产主义能实现吗？"我知道这是有些学员故意在挑战我，但此时我更明白，无论我说什么接下来都会遇到更大的挑战。这时候怎么办？按照专业讲师的训练技巧，此时要把外部矛盾转变成内部矛盾，换言之，我需要他们内部人来回答这个问题而不是我。于是，我选择了一位课前和我在外边抽烟、有一定信任关系的学员（现在想想，他是一只不折不扣的"老虎"），走到他的面前说："我相信您对这个问题一定有您自己的理解，能不能告诉我们您的想法？"他马上站起来，面对大家说："现在我们是在听陈老师讲课，大家别捣乱，有什么事情下课再说，您别理他们，我们继续上课！"

他就这样帮我解决了一个难题，虽然那时我并没有深入研究 DISC 理论，但现在看来，当时我唯一做对的一件事情就是找到了他这样一位学员。

简单而言，老虎型的领导是活在今天的领导，务实、积极、自信、果断、直接、目标导向、重视结果、权威、敢于竞争、坚持己见、喜欢独立与冒险、不喜好太多细节性工作……这些都是这类领导的基本行为特征。

以下附诗一首，来小结和归纳一下老虎型领导的特质：

积极自信速果断；
工作直接好冒险；
独立权威持己见；
声大好斗要掌权。

第二类：孔雀型

各位应该都看过孔雀，孔雀是什么样子的？

独来独往还是成群结队？

一只孔雀往往很没有精神，几只孔雀在一起就有精气神了。孔雀型的领导不喜欢独处，喜欢群居，换言之，他们不喜欢把自己一个人关在屋子里，而喜欢主动与别人沟通，因此，孔雀型特质高的领导有什么事情不一定非得打个电话让你去他的办公室，而是往往会主动跑去找你。

喜欢让你看到正面还是背面？

答案是：正面！有人从后面看过孔雀吗？我看过。记得有一次在浙江讲课，下课后到一个孔雀园里去溜达，无论我往哪个方向走，孔雀总是把正面朝向我，可我就想看它的背面。于是，叫住了刚好路过的两个学员，让他们站好了先勾引着它，我就顺利地看到了孔雀的背面。孔雀的背面当然不好看，这充分说明孔雀型特质高的人心里都有一种渴望，希望得到别人的认同和赞美。虽然我们其他人也是如此，但是从来都没有像孔雀那样渴望。他们希望的赞美不仅要让自己知道，也同样要让别人都知道。因此，对于这类领导：及时的认同和赞美往往都是比较有效果的。

喜欢吃什么？

答案是杂食，荤素均可。这说明孔雀特质越高的人对外界的信息越感兴趣，所以，这类领导往往都是定位于找信息、编故事和传播故事的人，这也注定了孔雀型领导往往是人际关系导向的人，他们会和大家在一起混得很熟，往往也没有那么高的等级观念，可以很随意，最重要的是大家在一起要有感觉，要开心。因此，孔雀型领导往往也被认为是最善于激励别人的领导，当大家死气沉沉、情绪消极的时候，孔雀型领导能够很快调动大家的气氛和氛围，因为“明天会更好”是他们的信条。因此，在孔雀型管理者的领导下工作，往往满意度比较高，团队氛围也会很好。

喜欢动还是喜欢静？

孔雀肯定不喜欢静，喜欢动。工作中的孔雀型领导和老虎型有一些相似之处，主要表现在速度和节奏上都比较快，但不同的是：老虎型是目标导向，孔雀型是关系导向。同时，孔雀型不会像老虎型一样过分地强调权力而是非常善于沟通，当遇到团队冲突的时候，他们往往更愿意应用沟通和合作去解决。

喜欢待在笼子里吗？

当然不喜欢。虽然孔雀经常被我们关起来，但是其活动场地往往都比较大，也就是说，孔雀在现实中不太注重细节，也不喜欢被条条框框所约束，这一点在工作中也是如此，比如在计划和时间的管理上并不非常严谨，他们的包和办公桌往往都不会收拾得那么整整齐齐。

给大家举一个我的亲身经历吧，虽然有些夸张，但是很真实：

2010年7月，我给国内某知名乳品企业讲完课，从深圳飞回北京，由于飞机晚点，到北京已经凌晨4点了。回到家我很快睡着了，突然电话响了起来，一看是个陌生号码，我很疲惫地说了一声：“你好！”电话那头传来了一个非常富有感染力的声音：“你好，是陈老师吗？”我马上感觉我的声音也变得富有激情：“是的，你是哪位？”“陈老师你好，我是小刘啊。”说实话，我根本分不清是哪个小刘，可她继续说：“哎呀，陈老师，你怎么把我给忘了，我们俩还交换过名片的。”但是坦言之，我还是不知道她到底是哪个小刘。可她又补充了一句：

"我就是住你们家对面的那位。"这样一来我才想起来。于是马上说："是不是那次培训中穿红外套的？有什么事情吗？"她说要来我家跟我谈培训的事，并约好40分钟后见。

就这样，我赶紧起床。40分钟到了，可是她还没有到。过了大约快一个小时她才到，非常热情地跟我握手，又要与我交换名片。我十分诧异地问她不是已经交换过了吗。这时，富有戏剧性的一幕出现了，只见她看着我解释道："您别介意，您的名片我找不着了，还好我很聪明，百度了你一下，通过很多方法才找到了你！"于是我就到书房取了张名片给她，但这时候我发现她还在找自己的名片。

7月份的北京，不能说很热，但也是相当得热，那个女孩子穿的裙子不能说超短，但一定是属于很短的那一种。接下来她在我的面前抬起一条腿，把包放在腿上开始找名片。最终的结果我可以跟各位说一下：该看的，不该看的，能看的，不能看的，我基本都看到了，但是我就是没有看到她的名片在哪里。

各位，这就是我们身边的"孔雀"。

简单总结一下孔雀型领导的行为特征。

他们共同的个性特质有：社交能力极强、热情幽默、口才好、说服力强、乐观和善、具同理心、善于察言观色、会打扮、懂得自我宣传。

他们的行事风格包括：热忱而具煽动性，喜欢与人互动并影响别人；会设身处地地理解别人的想法；对自己充满自信，也能信任别人；容易被新事物吸引，富有创意。孔雀型的人担当领导时，擅长说服人和鼓舞团队士气，常常利用各种机会宣扬理想和愿景，让所处的团队始终保持积极向上的精神状态，也擅长有效地分配工作，并建立较强的支持体系。

孔雀型的领导待人热情，口才出众，很容易给人留下深刻印象，成为众人关注的焦点，加上他们有很强的社交能力，往往会是团队中知名度最高、人缘最好的领导者，而这些对这类人来说恰好是最大的成就感。孔雀型的领导需要与外界接触的人际网络，喜欢在认同自己的组织中工作，伙伴式的共事环境最能激发他们的优势。他们也需要舞台，最害怕被孤立、被排挤，以及别人不与他们进行沟通；老虎型和孔雀型都是对别人施加影响的类型，不同的是，老虎型通过权威或强势来影响别人，而孔雀型则通过说服力来影响，因此，我们可以这么来理解：老虎型是关注自己的目标多一点，关注他人的感受少一点，相对而言，更注重“单赢”，而孔雀型则更多的是注重“双赢”的人。

以下附诗一首，来小结和归纳一下孔雀型领导的特质：

快乐热情细无章；
沟通健忘赞美王；
忘字欠思社交强；
数字计划不怎样。

第三类：考拉型

考拉又叫树袋熊、无尾熊，是澳大利亚的国宝。那么，考拉有什么习性？这类型的领导又是什么行事风格呢？

速度快不快？

考拉的行动速度比较缓慢，因此考拉型的领导和我们前面说的老虎型和孔雀型的领导是不同的，他的速度比较慢，无论是在目标推动的过程中，还是在决策的过程中，乃至在人际关系的处理上，都是慢热型的人。但是，一旦和考拉型的领导建立了信任，他们一定是所有朋友当中最值得深交的，因为在他们的交往原则中是属于宁愿让自己吃亏，也不会让别人吃亏的人。当然，考拉的速度并非永远都那么缓慢，当他遇到天敌时就会快起来，那是因为他不快起来就没有安全感了，因此，考拉型领导如果在有压力的情境下，速度也会快起来。

走路是怎么样的？

你要是注意观察一下就会知道，考拉在走路的时候总是要左顾右盼，这也就是他走得慢的原因，因为安全感对它而言是非常重要的。考拉型领导的做事风格也是寻求安全导向，安全、稳定对他们而言是极其重要的。因此，考拉型的领导既特别讲究原则，又往往是最没有原则的。他们对待圈子里的人，往往是没有或缺乏原则的，但是对待圈子外的人，原则性就会表现得特别强，这也是基于安全感的需要。

会不会经常下树？

考拉很少下树。一般情况下，他们下树只有两种可能性：一种是树快死了，没有桉树叶子吃了；另一种是他们需要喝水，但是考拉一般只在生病和干旱的时候喝水。树代表什么？树代表的是它的生活环境。一般而言，考拉型的领导是不会轻易离开他的环境的，他是一个比较注重圈子的人，因此，这种特质的人往往忠诚度最高，其原因在于他们需要稳定感。

有没有攻击性？

考拉很少主动攻击别人，他们甚至能和小鸟在一棵树上相处，这说明考拉型的领导是非常温和的，是感性和缓慢的。他们非常注重关系，是一种典型的关系导向的人，渴望在一个没有战争的环境里工作，因此，考拉型的领导非常受员工的爱戴，他们影响别人的方式往往并非是基于权力，而是基于关系、人格和信任。

喜欢吃什么？

答案是树叶——桉树叶。各位知道吗，桉树叶中含有毒素，能够缓解疼痛，起到麻醉的效果，因此考拉就相当于每一天都在吃麻醉药，这也是考拉为什么一天需要花 18 个小时处于睡眠状态的原因。考拉型的领导往往不愿意寻求太大的改变，他们如果做出变革，是需要很大的勇气和决心的，但是他们骨子里是非常坚韧和执着的。考拉型的领导在别人眼中常被误以为是懒散不积极，但只要他决心投入，绝对是“路遥知马力”的最佳典型。

有没有天敌？

考拉大多数时间都生活在树上，因此并没有什么实质的天敌。大多数考拉都是在老了以后，因为爪子不够灵敏抓不住树而在睡觉的时候掉下来摔死的。可能有很多人都在网络上看过一段视频叫做《鹰的重生》。鹰是世界上寿命最长的鸟类，可达 70 岁。但想要活到那么久，就必须在 40 岁时做出困难却重要的决定。这时，它的喙变得又长又弯，几乎碰到胸脯；它的爪子开始老化，无法有效地捕捉猎物；它的羽毛长得又浓又厚，翅膀变得十分沉重，使得飞翔十分吃力。此时的鹰只有两种选择：要么等死，要么经过一个十分痛苦的更新过程——150 天漫长的蜕变。它必须很努力地飞到山顶，在悬崖上筑巢，并停留在那里，不能飞翔。然后，它首先用自己的喙击打岩石，直到其完全脱落，再静静地等待新喙长出来，接着用新喙把爪子上老化的趾甲一根根拔掉，鲜血一滴滴洒落。当新的趾甲长出来后，鹰便用新的趾甲把身上的羽毛一根一根拔掉。5 个月以后，新的羽毛长出来了，鹰重新开始飞翔，又能再度过 30 年的岁月！那么考拉为什么不这么做呢？这就是考拉的性格。考拉型的领导相对比较安于现状，比较容易满足，因此，他们性格的另一面就是反应比较缓慢，不善于挑战和冒险。因此，当考拉型的领导在遇到团队冲突的时候，他们往往更愿意选择妥协、回避或者让步，因为对他们而言，和平是非常重要的。

我有一个客户在青海，公司位于一个远离市区的偏僻地段。考虑到授课期间的行程安排，于是决定安排我在授课的地方休息，自然条件就没有那么好了！

一下飞机，办公室的郑主任来接我，举手投足间是个不折不扣的“考拉”。一路上，郑主任非常谦和，不断向我道歉：“陈老师，我们这个地方实在是太偏了，条件比较差，您就将就着住两晚吧。”

到了休息的地方，我的确吃了一惊，虽然条件没有多好，但他们考虑得非常仔细，很多用品都是新买的，不同规格的各准备了一份供我选择，甚至都有点像自选超市，让我非常感动。现在每每去西北讲课，我都会想到这个郑主任，并感激于他无微不至的照顾，我们还成为了很好的朋友。

总结而言，考拉型的领导者是活在当下的，这类领导也是最受员工欢迎的，他们是好好先生，平易近人、敦厚可靠，强调和谐合作，稳健，避免冲突与不具批判性，行事不急不缓，一切讲究随缘，能从容接受人生的起伏。因为个性平和，他们往往喜欢与下属打成一片。决策倾向中长期考量，有着以柔克刚的力量以及无比强大的耐心和毅力，温和且平易近人，不端架子，极易赢得员工的好感和接纳。考拉型领导的心理调节能力也是让人喜爱的重要因素，你不会看到他们惊慌失措的样子，即使遇到突发事件，他们也会极力将局面维持在可以掌控的范围之中。

以下附诗一首，来小结和归纳一下考拉型领导的特质：

和气善良人细腻；
平听他人慢思绪；
信守承诺讲义气；
耐心寡断太犹豫。

第四类：猫头鹰型

猫头鹰有什么特性呢？

独居还是群居？

答案是独居，这说明猫头鹰特质的领导也是比较寻求独立的。与老虎型领导的不同之处是，猫头鹰型领导的独立更可以理解成是独处。他们非常喜欢独立思考问题，非常严肃、严谨，因此在速度上也相对缓慢，因为他们的行动模式秉承“凡事预则立，不预则废”。

白天活动还是晚上活动？

猫头鹰是比较喜欢晚上活动的，他们定位食物不是用眼睛，而是用耳朵，是通过左右耳对动物发出的声音进行交叉定位的。因此，猫头鹰型的领导具有非常敏锐的洞察力，对细节非常关注，而且善于发现问题。

爱不爱叫？

猫头鹰不太爱叫，这说明，这一特质的人是非常安静的，也是非常“宅”的。周末如果不是万不得已，有可能两天都待在家里，看看电视、上上网，不太喜欢到处走动。

我个人是个不折不扣的“猫头鹰”，虽然除西藏以外，几乎全国都去讲过课，但却很少出去玩。课程结束以后我都是当天晚上就飞走，即使有一点时间我也宁愿在宾馆里看看电视或者上上网。如果是孔雀型的讲师出去讲课，是不可能不顺便到当地的景区去玩玩的。

吃肉还是吃素？

猫头鹰是食肉动物，这说明猫头鹰特质的人也是非常理性和对事不对人的。猫头鹰型的领导是非常严肃和严谨的人，他们非常有原则，对自己要求很严格，对别人要求也很严格，他们具有高度精确的能力，其行事风格重规则轻情感，事事以规章制度为准绳，所以显得比较缺乏人情味。他们往往集合了日耳曼人的严谨和英国绅士的古板，让人觉得很难接近。他们也同样具有很强的工作能力和判断能力，但是往往缺乏沟通力和亲和力。

我们公司有一家VIP客户，他们负责企业培训的经理是一个典型的"猫头鹰"。虽然我们双方建立关系很早，但是在培训之前的两年时间内，我们公司的培训顾问就一直在跟进，但是该客户经理非常谨慎，每一次都会把培训信息告知若干家公司，然后不断比对、评选，最重要的是：很多次的培训都是他自己想出来的，有那么两次他对我们的感觉很好，但最终也是因为老板并不支持结果无期限地延期了。后来老板终于开始确定要针对公司的中层干部做培训了，于是该培训经理就开始邀约我们的培训顾问，第一遍、第二遍、第三遍，三次邀约之后又开始调研，于是我们的培训顾问又开始做"潜伏"工作，潜伏到客户的店面里做调研、录像、拍照。出具完了需求分析以后，开始出具方案，修改方案。整个项目的进展非常缓慢，但是有条不紊。在经过了客户的层层筛选以后，最终选择了我们，并且把公司近300名共计6轮的培训计划都交给我们做，前提是先做一轮实施，防止效果不好。我印象最深刻的一次是：客户在课程开始前三天的下午来到我们公司，因为按照约定这是递交合同的最后期限了，所以他亲自送来了。课程结束后的付款，也是严格按照合同进行的。现在，这家公司已经成为我们的一个大客户，而该培训经理也成了我们公司的一位很好的朋友。

各位，通过上面的案例，你发现了什么？

猫头鹰型的领导是非常讲究原则的，细心、富有责任感和危机感、计划性、细节关注、进展缓慢、诚信这些特点都在这个案例中暴露无遗。

以下附诗一首，来小结和归纳一下猫头鹰型领导的特质：

独立严肃善思考；
逻辑精准言语少；
细节完美要求高；
制度计划少不了。

5.2 行为同步

我们知道了不同特质的领导的不同风格，接下来我们就需要按照领导的风格去进行沟通。

与老虎型领导的相处之道

关键词一：坦诚

跟老虎型领导相处的时候，一定要坦诚，能做到的和不能做到的，明白的和不明白的，要及时与他进行沟通，不要等工作没有做到位再去反馈，那样老虎型的领导是接受不了的。

关键词二：自信

老虎型的人本身是非常自信的人，因此，跟老虎型的领导沟通时，我们自身也需要表现出自信，切不可表现得唯唯诺诺，有什么意思要真实地表达出来。当然，这里的真实并不是不需要注意方法，也并不是表现得比领导还牛。别忘记，老虎是住在山上的动物，时刻对他表现出必要的尊重是沟通的基础。

关键词三：积极

老虎型领导的自信注定了他的积极，他们在做事之前想到的一定是可能性而不是不可能，因此，当你的老虎型领导给你分派一项工作的时候，千万别在没做之前就说“万一……”、“如果出了问题……”之类的话。否则，他一定会告诉你：还没有做，你怎么知道不行。因为在他们的世界观里，主导他们的信念是“只有想不到的，没有做不到的”。

关键词四：效率

老虎型领导本身是非常讲究效率、做事果断、说一不二的人，因此沟通时要跟上他的快节奏。如果他分派了一项工作你没有快速完成，也切不可把问题压在那里，要主动反馈和汇报，并且多提出解决方案让他去选择。

关键词五：结果

在汇报工作时，千万不要喋喋不休地说细节，而要先说结果，如果他提出疑问，你再向他汇报细节和过程，因为在他的世界观里更关注的是结果和对目标的达成。

与孔雀型领导的相处之道

关键词一：乐观

孔雀型的领导本身是一个活在明天的人，充满了希望，当他们遇到挫折的时候，相信“明天会更好”，因此他们都是乐天派，也善于用愿景去引领团队。当你遇到孔雀型领导的时候，保持乐观的情绪这一点是非常重要的，千万不要整天愁眉苦脸。孔雀型的人不仅自己乐观，同时也希望他的团队能够保持一种积极向上的乐观情绪与活力。

关键词二：节奏

孔雀型的领导做决策的时候，往往是凭感觉，感觉对了，速度会非常快，因此，他和老虎型领导的共同点是速度比较快。当孔雀型领导对某一件事情非常感兴趣并需要你去协助的时候，你一定要抓紧时间去办，因为他是非常希望自己的蓝图变成现实的。当然，孔雀型领导往往在细节方面并不是很关注，所以，如果你的领导是孔雀型的，你在执行任务的时候，速度快是一方面，多考虑细节问题也是一方面。

关键词三：环境

孔雀型的领导往往喜欢开放的、平等的交流环境，不希望在严谨的商务环境中去沟通。我之前有一个领导是典型的“孔雀”，每次和我谈事总希望拉着我到楼下的咖啡店里去，然而我是个“猫头鹰”，希望的沟通方式是商务式的，但为了配合她，只要有事需要沟通我都会主动邀请她到楼下的咖啡店去，这一招非常好用，总是可以在轻松的环境里去处理一些头疼的问题。

关键词四：认可

孔雀之所以开屏，是因为她需要获取别人的认可。所以，当你的孔雀型领导在你面前谈起她的成就的时候，你一定要感觉就像发生在自己身上一样，不断给予她认同和鼓励。我经常讲：孔雀不可怕，可怕的是孔雀变成了猫头鹰。如果你想气死一只孔雀，其实很简单，就是当漂亮的“孔雀”穿着一件漂亮的衣服时，你装作没看见，这时候她自己就会不开心。接下来她可能会来问你的意见：你觉得这件衣服怎么样？这时候，你给她打个五折：“还行”、“凑合”、“还可以”、“比较好”、“还不错”。你就会发现，她就嘟着嘴走掉了。

关键词五：感性

孔雀本身是非常感性的人，因此，如果你需要向她汇报工作，首先不需要长篇大论，也不一定要非常理性地写个计划书什么的，直接的、面对面的沟通方式对她而言更有效。如果你实在没有办法，必须要写计划书，你也需要简单且强调设计感，无论是色彩还是图画。

与考拉型领导的相处之道

关键词一：稳健

考拉型的领导本身是非常稳健的人，行事前会照顾到很多人的感受。因此，与他沟通时你需要注意的是：不要太冲动，要心平气和，节奏可以稍微慢一点，同时，有什么工作需要汇报或需要寻求领导的支持时，自己要先学会三思，然后带着至少 3 个方案去和他讨论。当然，当你的领导在发表意见的时候，你同样要表现出良好的倾听能力，给予点头、回应。

关键词二：时间

考拉型领导做事稳健，因此他在没有压力的情况下行事的速度不会快，同样地，你需要他支持的时候，也需要给予他一定的时间去思考。有一点非常关键和重要：不管你的领导是不是“考拉”，他的位置、角色本身就是“老虎”，因此，我们需要发自内心地对他表示尊重。因此，不催促、不逼迫，照顾他的感受，是最基本的态度。即使到了必须做决策的时刻，也需要委婉地提出你的意见和建议，不要让考拉型领导感觉到你在逼迫他，这点是非常关键的。

关键词三：和平

考拉型的人特别不喜欢在一个钩心斗角、尔虞我诈的环境里工作，他更需要一个充满爱、相互理解、相互合作的环境。因此，和考拉型的领导相处，要照顾到他深层次的追求，要以“双赢”为导向；提出方案寻求支持的时候，尽量选择第三种“双赢”方案，带着一颗“为了”的心态去沟通会更加有效果。

关键词四：情感

考拉型领导往往是偏感性的领导，在谈及家庭、孩子等方面比较感兴趣，这种领导往往也会在办公室里放一些家人的照片。因此，不一定在有工作请示或汇报的时候才和考拉型的领导进行沟通，平时，可以多沟通一些跟工作无关的话题，如子女的教育问题、生活压力的问题，甚至做饭的话题都可以。

关键词五：信任

和考拉型领导的信任关系多是通过稳健、成熟、情感这些纽带建立起来的。考拉型领导是心中有爱的领导，一旦和考拉型领导建立信任，一定需要用心去维护这份信任，真诚地面对他，因为一旦和考拉型领导的信任关系丢失，将很难再重新建立。

与猫头鹰型领导的相处之道

如果你的领导是猫头鹰型的性格，那么你需要多花一些心思去和他相处。因为这种性格的人往往追求完美、心思缜密、情感细腻、不善言辞，同时，又非常注重情感，你的每一点进步和贡献他都会看在眼里记在心里，而你的每一个过错和闪失，也一样会让他刻骨铭心。

关键词一：精准

猫头鹰型的领导是一个非常敏感和精准的人，他们具备一种无与伦比的天赋——挑毛病，如果你把老虎、孔雀、考拉、猫头鹰四类特质高的人聚到一起，给他们一页有10个错别字的打满字的A4纸，一定是猫头鹰型的人挑出错的速度最快，如果你问他怎么这么快就挑了出来，他们会告诉你：我也不知道，反正错字往我眼睛里蹦。这是他们的天赋。因此，我们才说是猫头鹰型的人促进了这个世界的进步，因为他们的精准、敏感和思考力。和猫头鹰型的领导相处，你需要的是精准，无论是书面沟通还是语言交流，都需要在细节上多下工夫，不要一问三不知，别忘记，猫头鹰型的人对细节是非常关注的。

关键词二：诚信

我曾经有一个合作伙伴，是个孔雀型的人。有一天她在我上课时给我打电话，我没有接到，下课后我回过去，她说在开车，晚上再打给我，有一个很重要的事情跟我说。身为猫头鹰型的我，当然回家把这个事情记在心里，但我这类型的人都不是特别主动，因此，我按照自己的逻辑等她的电话，结果等到晚上 10 点还没有她的电话。我尝试给她发个短信——“现在可以沟通了吗？”等了半个小时也没有回复，这时我才打给她，结果电话那端传来了“您好，您拨打的电话已关机，请稍后再拨”。作为猫头鹰型的人，我是不会放弃的，因为她说过有很重要的事情，于是我又继续等待，将近 11 点再打过去，电话那边还是关机。我实在等不了了才去睡觉，但我仍然会保持手机在铃声状态，半夜醒了还会看看有没有未接电话。第二天早晨，我致电过去，没想到对方居然说昨天晚上和几个朋友吃饭把这个事情给忘了！她是忘了，但是猫头鹰型的我会当真啊！

猫头鹰型的人是说一不二的，他们非常注重诚信，因此，如果你承诺了他，就要务必达成，否则，你就很可能会失去他的信任。对于猫头鹰型的领导来说，最忍受不了的就是只会说不会做的下属。你一旦说出口的事，他就会记在心上并等待结果。而对于你来说，可能一时心血来潮，拍了胸脯，下了保证，事后并没太当回事，但对猫头鹰型的领导来说无疑是巨大的打击，哪怕只有一次，你在他心里的位置也会大受影响。因此，你要么就别说，说到就要做到。

猫头鹰型的领导对于黑白是非也分得清清楚楚，爱憎分明。如果你人在曹营心在汉，或者该是你的责任推给了别人，或不该是你的功劳还抓住不放，这肯定犯了他的大忌。

关键词三：系统

猫头鹰型的人做事非常注重计划性和整体性，因此，在向猫头鹰型的领导寻求支持的时候，首先要思考缜密，讲究逻辑，然后有条不紊地进行陈述，他们可能会问你很多细节，这时候你需要做到对答如流，这样才能让猫头鹰型的领导更加有安全感。

同样地，猫头鹰型的领导喜欢稳定、持续、循规蹈矩。如果你比较善变、随意性强，就会让他抓狂，无所适从。对于你来说，这样的猫头鹰型领导应该是你修炼个性的良机，逐渐让自己稳住，坚持把一件事从一而终地做好，不仅会赢得他的认可，自己也会受益终生。

关键词四：务实

猫头鹰型的领导是相对比较务实的人，先做后说，甚至做了也不说，给人无限的领会空间。他不喜欢口无遮拦、信口开河的人，这会让他反感、不信任，不会把重要的工作交给你。到了做事的时候，如果你是一个“差不多就行”、“随便做做”的人，不注重细节，没有计划，不讲求规矩，猫头鹰型的领导同样会对你很失望，就算你最后还是拿出了不错的成绩，他也会对你的成绩大打折扣，再有重要的工作，你很难再成为首要人选。

猫头鹰型的领导虽然情感很丰富，但他们却又非常理智，明辨是非，进退有度。因此，在这样的领导下不要动不动就感情用事，把个人情感和工作混为一谈，这会让猫头鹰型的领导觉得你难当大任。因此，作为猫头鹰型领导的下属，你的职业素养、敬业精神、专业技能和自制能力都需要到达一定的水准。

对于猫头鹰型的领导而言，谦虚、谨慎是一个人修养的体现，懂得收敛、张弛有度，是获得他认可的前提。如果你的工作能力很强，业绩很好，你最好也不要恃才傲物，指手画脚，反而低调和内敛会让你走得更远。如果你的工作能力一般，那么把自己的姿态放平，默默耕耘，也同样会给他留下好印象。

5.3 给予支持

给予领导支持，我想这是领导对我们最基本的期望。我相信没有任何一位领导希望自己的决策或指令传递下去后，马上遭到下属的反对或反驳，这并非是所谓民主不民主的问题，这是由我们的身份定位决定的。

有一句话说得很好：我们有选择第二家公司的机会，但是我们没有选择第二个领导的机会。这句话听起来好像不太实用，但实际上就是如此。如果你对某一家公司不满意，你可以选择离开或跳槽，但是如果选择了一家公司，你的领导是谁这往往并非你所能决定的。

与领导相处的基本规条是：不要试图去改变你的领导，给予他足够的支持，并不断通过你的行动产生价值，这才是你的领导最希望看到的。

几年前，在我们公司发生过这样一件事情，至今仍成为我在执行课堂上的一个经典案例。

公司的员工从成熟度上可以划分为“高意愿低能力”、“中能力中意愿”、“高能力低意愿”、“高能力高意愿”4 个阶段，而公司新入职的员工一般都属于“高意愿低能力”这个群体，当然，这里的能力并不是通用能力，更多的是专业层面的能力。处在这个阶段的新员工的最佳培养方式就是给他们一个清晰的目标，这样他们才会有方向感。于是，对于新员工我就实施了一个“40 + 40 + 20”的策略：第一个“40”指的是每天有效电话 40 个，第二个“40”指的是每天有效回访 40 家，第三个“20”是每天发出去的资料不少于 20 份，这是一个非常清晰的目标。这个想法我刚刚传达下去，就有一个业务小组的组长向我反馈：“40 + 40 + 20 = 100，这个工作量太大了，能不能少一点，变成‘30 + 30 + 15’？”指令刚出，就受到了干扰和阻挠，但是我又一想，如果真的能够把他提的这个数字执行下去也不错，于是我就被下属绑架了，同意了他的想法。第二天一早，另外一个业务小组的组长又过来说：“‘30 + 30 + 15’也太多了，能不能变成‘20 + 20 + 10’？”各位，你们知道这意味着什么吗？意味着如果我再次同意，我的期望就被他们打了 5 折。

在美国，有一所和国家历史一样悠久的名校——西点军校，在战争期间它培养出了我们耳熟能详的艾森豪威尔总统、巴顿将军。第二次世界大战以后，在世界 500 强公司里，西点军校培养出来的董事长有 1000 多名，副董事长有 2000 多名，总经理、董事一级的有 5000 多名，这是任何商学院都没有过的殊荣。它的秘诀到底是什么？

在西点军校，所有的新生从入学之时起便没有了自己的名字，只剩下一个代号，他们穿着西点特制的上衣、短裤、军靴。所有的男生被要求留光头，所有的女生则是短发，在回答高年级士官的提问时，他们只有“报告长官，是”、“报告长官，不是”、“报告长官，没有任何借口”、“报告长官，我不知道”，此外一个字不能多说。长官只要结果，而不要为什么没有完成任务的解释。这些规定看起来非常不合理，但是这其实培养了西点人高度的执行力，对于上级的命令没有任何怀疑，只有坚决执行。我们有理由相信，这样的团队可以战胜一切困难。在公司中，要想成为一名合格的下属，我们也要给予我们的领导强大的支持力，而这个支持力具体到职场行为中就是毫无折扣地去执行上级下达的任务。当然我们不是说毫无底线地去执行，但是这个底线只能是法律和道德。

想一想，我们在平时是怎么做的，是不是当领导分派一项工作的时候，我们有时候连“是什么”（也就是领导期望我们达成的目标）”还没有搞清楚，就习惯去问“为什么”（做这件事情的目的）。

当然，给予领导支持还表现在另外一个层面上：不把问题给你的领导。

在我的管理课堂上，我经常会告诉我的学员：下属主动找领导谈话，往往都是从他的问题开始，一般给出的问题有三种：

- 单项选择题——“领导，你看是这样做还是那样做呢？”
- 是非判断题——“领导，你看这样做行吗？”
- 填空题——“领导，你看该怎么办呢？”

这时就要告诫那些管理者：下属问你怎么办，其实并非不清楚怎么办，而是他相信你说的怎么办和他心里想的怎么办是一样的，于是当你说出跟他一样的想法时，处理问题的责任就会推到你的头上。

我在课堂上还会做这样的实验，我总是手里拿支笔然后问大家：你能不能把这支笔扔出去，几乎所有的人都说可以，这个时候我就让他尝试。但是要知道，笔是在我手里的，他们要想扔出去得先把我手里的笔握在他的手里才可以。这支笔就是问题，问题在谁的手里，谁就会被动，问题在谁的手里，谁就需要对结果承担责任，所以，我们不要轻易地把问题给你的领导，这往往意味着陷害。当然，有时候不排除我们确实不知道怎么办，这时我们往往需要领导的支持，希望他用教练的角色而非保姆的角色来引领我们。这是另外一个话题。

5.4 行动到位

中国有一句话叫“书读百遍，其义自见”。在我每一次的执行课堂上，我都会要求大家读10遍“执行”。读完以后，我就会问大家：我们需要的结果是什么？是“执”还是“行”？当然是“行”。“执”是动作，“行”是结果，我们需要通过有效的“执”来达到“行”。

中国的文字是非常有意思的，我们仔细地来看看“执”这个字的构成，就能够发现什么才是有效的“执”：

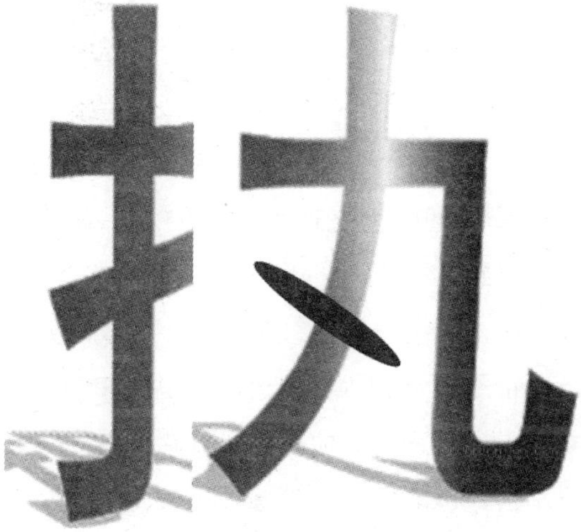

“执”这个字怎么写？首先是一个提手旁，提手提手，就是先要动起来，我们可以理解成是一种行动力，冷漠、旁观、推诿、被动、等待这都是缺乏行动力的表现，因此，没有行动力就谈不上执行力。

但是各位，最重要的是我们看看“执”这个字的右边是什么？

首先是一个数字“九”，这意味着什么呢？意味着事物有十分，你做到了九分。但这时这个字还不读“执”，最精彩的是最后的一点，也就是我们不仅要做，还要做到位，做不到位的“执”往往不是执行。

在工作中，我们很多情况下并不是缺乏行动力，即使你没有明确的方向，公司的各项制度、考核、监管等也会推着你往前走。换言之，我不认同我们的职场人缺乏行动力，但往往缺的是最后那一点。

不到位的执行最多是苦劳而不是功劳，不到位的执行是在制造成本，不到位的执行是一种做动作而不是做结果的态度。

因此，在执行中，我们不仅要做，更要做到位。

在职场中，最受欢迎的人是执行到位的人。在领导的眼中，最喜欢的下属也是执行到位的下属。因为身份的不同，领导和下属对于做事的概念是不同的，领导只关心结果，而下属则想着做事的过程。如果事情成功，他希望领导可以看到自己在过程中付出的辛苦，从而得到赞赏；如果事情没有完成，他则希望领导体谅自己在完成过程中遇到的困难以及辛苦，以降低或减少惩罚。但是在实际生活中，领导关注的是结果，而非过程，也许在听到你没有完成任务的理由后没有惩罚，但是这个时候作为下属的你透支的是在领导眼中的信任。

20世纪80年代末期，一个年轻人应聘到南方一家报社。这家报社虽然刚创办不久，却在当地很有影响力，但非常缺乏广告资源。这个年轻人刚好有一个很要好的同学要在当地开办公司，因为报社的资质，加上私人的关系，所以一笔近60万元的大单子就给了这个朋友。因为对报社的贡献非常大，所以报社很快决定任命这个年轻人当副社长。

在同学公司奠基典礼当天，这位年轻人派出了报社最优秀的记者、广告部的全体人员以及一名副主编到达活动现场，希望做一个完整的版面为他同学的公司做一次大宣传。活动进行得很顺利，稿子也写得非常精彩，但是这时候报社出现了一个完全可以避免的失误，结果把前期所有的努力化作了泡影。

是什么情况呢？在他们报纸的头版，出现了一个大大的标题——“××公司奠墓典礼……”。

结果可想而知，南方沿海企业都特别重视“彩头”，喜欢吉利的数字和文字，而把“基”写成“墓”，毫无疑问是犯了企业的大忌，他的同学一怒之下取消了60万元的广告订单。不仅如此，报社的声誉也因此受到了很大的影响，一些准备在这家报纸上投放广告的客户纷纷取消了计划。

那么这个错误是如何发生的呢？当时还没有实现无纸化办公，记者的稿件是用手写然后交给排版人员，再给主编室进行签发，最后印刷。但是由于记者的手稿字迹很潦草，“基”和“墓”看起来非常相似。排版人员错排成“墓”字，而副主编也没有仔细检查，错误就这样产生了。事后，报社对相关责任人作了严肃处理，这位年轻副社长的梦想也破灭了。

“行百里者半九十”，所有的人都为他们最后10%的工作付出惨重的代价。

5.5 反馈情况

我的课程排得非常紧，往往提前 2 ～ 3 个月就排满了，但我经常发现这样一个奇怪的现象：有时候邀约我课程最多的那两天，最后有可能出现空当，原因是什么呢，我们来看看就知道了：

有一年的 3 月，我接到一个电话，是一家培训公司的销售员王小姐打过来的（这里要说明一下，我大部分的时间是为我们公司自己的客户做培训，但也有为数不多的情况下会为外边的培训公司的客户讲课），问我 5 月下旬有没有时间，山东一家公司点名要我去讲课。这家公司我是知道的，是一个知名的国企，老板曾在北京听过我的公开课。我看了一下我的行程，告诉他 5 月 26—27 日是可以安排的。对方很开心地跟客户确认去了。我估计这个课程 99% 没有问题，于是就开始等她给我反馈。没过几天，又有一家公司找我，要约我 5 月 25—26 日这两天时间，我推辞了。再过几天，北师大的校长班找我约 5 月 26 日的时间，我又推掉了。直到 5 月初，我突然想到这两天的课还没有定下来，我也未曾收到对方的反馈，于是我忍不住给对方打了个电话，问她这个事情最终确定了没有。结果她告诉我："陈老师，非常抱歉，我正准备给您打电话，这个课程往后延迟了！"各位，你们相信吗？她告诉我的是她正要给我打电话，但是我保证，如果我不给她打电话，她会一直处在准备给我打电话当中。

我经常在我的课堂上问大家，反馈是给谁的？很多学员都会告诉我：是给对方的！其实我告诉你，这是大错特错！我们可以回想一下上面这个案例，你觉得下次她再和我约时间我敢答应她吗？

我们可以再次想象一下：给你的领导反馈意味着什么？

- ✦ 首先意味着是你的坦诚、真实和对领导的尊重，当你向你的领导反馈时，他会发自内心地感激你，只是他也许并不会表达出来而已；
- ✦ 其次，反馈意味着你的领导接下来会给你辅导，他可能会告诉你接下来怎么做会更好；
- ✦ 再次，反馈意味着你可能会获取下一个机会，当你向领导反馈时，他可能会给你下一个任务，这就意味着你将比别人获取更多的机会和成长；
- ✦ 因此，我总是把反馈作为我公司四大原则中的一条（另外三条是爱、责任和结果）。

在工作中，我们在反馈时往往会出现以下两个误区：

误区一：只反馈好消息，不反馈坏消息

我相信领导肯定会更喜欢听好消息，但是，有时候坏消息对他的价值更大；作为员工，我们固然会关注安全感，认为坏消息会让领导不开心、不高兴，甚至会影响我们在领导眼中的评价。但是，我需要告诉你的是：任何一个领导都不希望等事情一塌糊涂的时候再来向他汇报。

误区二：只反馈结果，没有结果就不反馈

我想请问各位：没有结果是不是一个结果呢？当然是！没有结果的结果也是一个结果。也就是说：反馈过程有时候比反馈结果还重要。

当然，这里说的反馈并不是要求各位有事没事往领导办公室里跑，而是一个度的问题，同时反馈往往是对你的直接领导，而不要轻易地向上越级反馈，除非是你的直接领导授权给你，这时你是作为他的替身去与他的领导进行沟通的。

5.6 主动分忧

什么叫主动分忧，简单而言，就是要想在领导前面。当然这里的想在领导前面，并不是你的领导真的没有想到，只是有些时候他还没来得及告诉你。无论你在哪里工作，无论你的老板是谁，管理层都期望你不要坐等指令，而希望你积极主动，设身处地为老板着想，站在公司的角度考虑问题，主动帮助老板解忧。

有一位公司的老板精力充沛、智商极高，对各种新事物的反应极其敏锐，也正是他身上的这么多优点使得他非常自信，甚至有点自负。长此下去，对部属颐指气使，就形成了以控制为导向的管理风格，非常强势，说一不二，很多事情都得经过他点头才可以实施。久而久之，下面的人不但不敢随便做决定，还养成了“谁干谁倒霉、谁说谁遭殃”的潜意识。员工们在一起聊的最多的不是无关紧要、跟工作挨不着的话题，就是在背后说老板的坏话。

有一次，这个老板出国考察，飞机还没有落地，公司就出事了，厂房着火，火势蔓延很快，眼睁睁看着近1/3的厂房就没了，怎么办？老板肯定是赶不回来了，这时候，有一个保安反应非常敏捷，第一时间拨通了119，随后又通过广播第一时间通知大家救火；自己还直奔火场，拉掉电闸。正是他的正确处理、快速反应把公司的损失降到了最低。而其他员工呢？不是没干，只是没有好好干，他们终于找到一个报复老板的机会了。

等老板回到公司，火早已经救得差不多了。老板了解到事情的经过，将保安升职为库房经理。这件事也引起了他的反思，在工作方法上有了很大的改善。

作为领导，大多希望员工跟他配合默契，能自动自发地为他分劳分忧，少制造一些麻烦，多提供一点帮助。因此，作为员工应该设身处地地替领导设想，工作发生困难时，首先要自行克服。领导交代的任务，如果时间不是很紧，最好能自己用心去研究，竭尽全力来完成任务。领导需要的员工，是能够帮助他分担责任与工作的人，而不是遇事推诿的人。何况只有经办人自己才对他经办的工作最为得心应手，要不然，领导何必选择任用他呢？

主动分忧还表现在另外一个层面就是主动给你的领导提供一些信息。

有一部电影叫《时尚女魔头》，我相信很多人都看过，这部片子非常适合刚毕业的大学生。该片讲述了一个刚从学校毕业想当记者的女孩安迪在寻找工作无果的情况下意外进了一家顶级时装杂志给他们的总编梅琳达当助手。然而好景不长，很快她就发现她的工作简直是噩梦，因为这个女总编梅琳达对待所有的人都是那么尖酸刻薄，紧张的气氛蔓延在整个杂志社。在影片中，这个时尚女魔头无论公事私事都交给助手打理，把这个可怜的女孩折腾得苦不堪言。

就是在这样一位女魔头的领导下，安迪通过各种努力最终得到了她的充分认同，但是，当安迪从特殊渠道知道投资方打算换掉梅琳达的消息时，她千方百计地提供消息给她，让她做好准备进行回应，没想到梅琳达早就知道，而且成功地挽救了这个危机。虽然这位女魔头事先知道这个消息，但是她还是非常感动。

作为一线员工，是近距离接触产品、接触服务、接触客户的人，因此也是最能快速获取信息的人。有些信息对于公司是非常重要的，我们需要第一时间向上反馈。“客户是上帝”这句话很多公司都在喊，但是那些高高在上的领导们，可能一年也遇不到几个客户，了解真实反映和信息的还是基层员工。因此，当我们得知一些重要信息后，要第一时间反馈给我们的领导。

6 自我管理与自我引领

人生虽有终点，生命却是无涯，
生活可以随便，生命却要认真，
怎样安排此生，是自己的责任。
每个人都需要规划自己的未来，
没有规划的人生是不值得过的。

6.1 如果你不知道去哪里，你将哪里也去不了

话说有两兄弟，他们住在一幢公寓楼里。一天，他们一起去郊外爬山。傍晚时分，等他们回到公寓楼的时候，发现大厦停电了！这真是一件令人沮丧的事情，因为他们恰巧是住在大厦的顶楼——80层。虽然两兄弟都背着大大的登山包，但看来也是别无选择。

于是，他们就背着一大包行李开始往上爬。到了20楼的时候，他们觉得累了。于是弟弟提议说："哥哥，行李太重了，不如把它先放在这儿，等大厦恢复电力，我们再坐电梯下来拿吧。"哥哥一听，觉得这主意不错。于是，他们就把行李放在20楼，继续往上爬。

卸下了沉重的包袱之后，两个人觉得轻松多了，一路有说有笑。但好景不常，到了40楼，两人又觉得累了。想到只爬了一半，就开始互相埋怨，指责对方不注意停电公告才会落到如此下场。他们边吵边爬，就这样一路爬到了60楼。

此时两人筋疲力尽，累得连吵架的力气也没有了。哥哥对弟弟说："算了，只剩下最后20层，我们就不要再吵了。"于是，他们一路无言，安静地继续往上爬。终于，80楼到了，哥哥长出口气，摆了一个很酷的姿势："弟弟，拿钥匙来！"弟弟说："钥匙不是在你那里吗？"

大家猜猜发生了什么事？钥匙还留在20楼的登山包里！

其实，与其说这是个故事，不如说他反映了我们大多数人的一生。

20 岁之前，我们活在家人、老师的期望之下，背负着很多压力，不停地学习、考试、升学，就好像是背着一个很重的登山包，加上自己也不够成熟，能力也不强，所以走得很辛苦。

20 岁以后，从学校毕业踏上工作岗位，开始了自己的职业生涯，喜欢做什么就做什么，想怎么做就怎么做，就好像是卸下了沉重的包袱。所以说，从 20 岁到 40 岁，是一生中最愉快的 20 年。

到了 40 岁，人到中年，发现青春早已逝去，又有很多遗憾，于是开始抱怨，骂老板不识货，怪家人不体恤，埋怨政府，埋怨国家，埋怨社会……就这样在抱怨遗憾中又过了 20 年。

到了 60 岁，发现人生所剩不多，于是告诉自己，不要再埋怨了，就珍惜剩下的日子，默默走完最后的岁月。到了生命的尽头，突然想起好像有什么忘记了。是什么呢？是你的钥匙，你人生的关键。你把你的理想、抱负、关键都留在 20 岁，没有完成。

人生虽有终点，生命却是无涯，生活可以随便，生命却要认真，怎样安排此生，是自己的责任。每个人都需要规划自己的未来，没有规划的人生是不值得过的。

在写本章之前的半个小时，我刚刚面试了一位培训顾问。面试中，我询问了一个问题：你选择我们培训公司的原因是什么？她的回答是：能够得到成长，也能够学习到很多东西，因为之前在会议公司做了 3 年，现在工作虽然越来越顺手了，可是想想，除了挣了点钱以外，好像什么也没有得到。

在公司里，我们当然要把工作做好，但我们一定不能为了工作而工作，也不能只要求自己把工作做好就可以了，我们还需要思考：

我们在工作中能得到什么？得到的是不是我们想拥有的？我们到底在为何而工作？

在我的管理课堂上，我经常拿出一张面值100元的人民币问大家，这是什么？大家的回答非常迅速且如出一辙：钱！我继续发问：喜欢吗？大家的速度更快，且声音更加洪亮：喜欢！可是我接下来的问题，大家就不那么好回答了：能告诉我喜欢的理由吗？它能给你带来什么？

接下来我会谈我的理解：它的小名叫“钱”，它的大名叫“人民币”，它的英文名叫：“Money”，它的颜色是红白相间，它的制造商是中国人民银行，它的图案是毛主席，它上面的数字是100。除此以外，它什么都不是！

可是我们为什么会很喜欢它，因为它是我们一切价值的替代品。如果我们觉得对父母的关爱很重要，我们就会拿钱给父母买东西，实现我们关爱的需要；如果我们认为对孩子的责任很重要，我们就会拿钱给孩子上更好的学校，实现我们责任的需要；如果我们认为友谊很重要，我们就会约朋友出来，花点钱请朋友吃顿饭，满足我们友谊的需要。

所谓重要，
就是我们需要的！

同样地，在我的管理课堂上，我还会做这样的试验：拿出一张100元面值的人民币放在桌子上，问大家：谁愿意上来取走，这就属于谁。这时候，我们发现很快会有人冲上来取走。

接下来，我再次取出一张 100 元面值的人民币，问大家，如果现在我把它踩在我的脚下，并且摆出一副非常嚣张和高傲的样子，抱胸、身体后倾、单指指向地面上的 100 元，还有人愿意上来取走吗？这时候我发现，大多数人都会说：NO！！！

同样是 100元，为什么第一次你愿意取走，第二次你不愿意取走？

原因在于：第一次你不需要付出太多，很容易得到 100 元，这 100 元会让你得到一些你想要的；而第二次，你在得到的同时也意味着你失去了一些重要的东西，比如面子、尊严、平等等。

工作中我们往往有这样的经历：有些时候，我们现在所在的公司的工资比别的公司给的要少（当然，不会少很多），但是我们还是不愿意离开现在这个公司；也有这样一种情况：我宁愿到一家比现在工资低的公司去工作，也不会在现在这家公司里工作，原因出在哪里？

请记住，公司给你付出的工资往往是由两部分组成的：第一部分，公司采购了你的时间，你创造了价值后得到的回报；第二部分，公司践踏了你的满意度和幸福感，因此给你的补偿款。

因此，我们要带着价值感去工作，这样才会有目标，才会有原动力，才会自动自发，才会全力以赴。

可是，我们的价值是什么？我们的价值从哪里来？价值的定义是什么？这些问题我们都需要去寻找和确认。

我经常做这样的一个试验，请我的学员站在课堂上并问他：如果你是一个没有方向感、没有明确目标的人，你接下来会往哪个方向走呢？

得出的答案基本一致：不走！

正确。因为道理很简单，往哪个方向走都没有动力，往哪个方向走都不能确定是不是正确，往哪个方向走都可能不安全，于是我们选择了哪里也不走。我们不要觉得这很可笑，事实上，我们身边有很多这样的人：工作的目的是打发时间、赚取基本工资、维持生存……这些都属于为了工作而工作、为了应付而工作。

当然，在现实中，公司为你支付了薪水和机会，所以，它不可能不让你动。于是，在上面那个试验的基础上我用一支笔在后面捅前面的那位学员，并且说：你走不走，你走不走……结果他肯定走了，但是后果呢？首先，他走得心不甘、情不愿，满意度很低、满腹牢骚；其次，只要我不在后面捅他，他就会停下来。因为，要去的那个方向是你想要的，而不是他想要的，而捅他的那支笔就相当于我们的制度、考核、监管等基于权利基础上的影响力。

请各位记住：
一个人，如果不知道自己想去哪里，那么将哪里也去不了！

本节开始来面试的小姑娘，之所以会离开她奉献了 3 年的公司，是因为她没有得到一个明确的价值感和目标感，因此，在工作当中她才会失去动力，最终选择离开了那家公司。

很多人经常问我：陈老师，你这么年轻就在培训行业颇有名气，你的秘诀在哪里？我想：如果有一些什么原因让我的加速度更快的话，那就是我有着非常清晰的目标感和方向感。

我大学学的是计算机网络专业，在学校期间，我并不知道将来我应该做什么？能做什么？想做什么？当初在校期间和大多数现在的大学生一样，唯一不同的是我有紧迫感，因为我的家境很不好，从大学开始我就需要自食其力，不断地做着一份又一份的兼职。因此，坦言之：在大学期间，我并没有学到什么。但在当时，我们都在做着专业对口的准备，于是我花了很大一笔自己辛辛苦苦挣来的钱去考了5个微软认证的MCP（微软认证专家资格）和MCDBA（微软认证数据库管理员），由于我在校期间的成绩还不错，加上获得的奖学金和证书，我很顺利地找到了一份网络工程师的工作。

一个偶然的机会，我在给客户讲产品和操作知识的时候，有一位我至今印象非常深刻的黄女士跟我提到："小陈，听别人讲产品的课我们都会睡成一片，听你的课很有意思，你很有讲课的天赋，应该去做老师才对！"

我不知道她现在是否还记得这句话，但正是这句话让我反思了很长时间，我在思考我到底想要什么。于是，一个越来越清晰的画面就浮现在我的眼前：西装、领带、上课、学员、掌声、鲜花，这才是我想要的。但我知道，作为一名讲师，我首先需要的是了解这个行业，于是我毅然辞去了工作，开始了下一个征程。

我的第二份工作，是一家专门为大学生就业培训的培训公司。我非常感恩于这家公司，因为它让我真正意义上开始去接触并了解了培训这个行业，在之后的时间里，我总是非常主动和积极地去做一些别人不愿意做的事情，比如和客户沟通需求、处理一些客户的无理要求等，因为我相信：每一次与客户接触都是一次体验和成长，这正是我想要的。因此，在2年左右的时间里，我便成为了这家公司近20名讲师中非常优秀的一个，虽然我的年龄最小。

然而，下一个问题又出现了：我不希望永远做大学生就业的培训，我希望步入到更高的培训殿堂，面向更为高端的受众人群。这时候，我又发现，我首先需要了解实体公司以及实践管理，而且至少是一家集团型公司。于是，我选择了一家集团制造型公司，做培训主管。

由于我有着强烈的目标感，在工作时间之内，我总是下车间、进厂房，跟其他部门的同事和领导请教沟通，和公司外聘的经济、法律、管理等方面的顾问专家咨询；工作之余，我会去销售店面，参与销售，与客户沟通。有时候，我还会跟随物流车队一起送货。这样，在 3 年的时间内，我从一名培训主管步入到培训经理，最后步入到集团的商学院的院长助理，直到院长，并管理着一个 30 多人的专职团队和近 130 人的兼职团队。在这几年中，我作为甲方的角色，更多地了解到作为培训公司的乙方的运作模式，同时也参与和实践了管理，这才是我想要的。

接下来我发现，我还需要进一步到大型的培训公司去参与一些具体课程的研发和操作，这样一方面能继续提升我的授课水平，另一方面能锻炼我的管理实践能力，同时还能更多地了解培训和课程开发的内在知识。于是，我再一次步入了培训机构，这是一家在国内非常有影响力的教育集团，我在它的研究院工作，主要的工作内容是开发课程、分公司课程管理、公开课授，这让我的价值感再一次得到了提升。

之所以写这些，并不是标榜我自己有多么成功，而是我相信我一直是一个在路上的人，也希望各位能够理解目标感和价值感对于我们成长的意义。

6.2 逻辑层次：自我管理与自我引领的工具

在工作或生活中，我们总是遇到一个又一个问题与困惑：

- ✦ 我知道我这样做是不对的，但是我还是无能为力；
- ✦ 我不知道我到底要什么，整天这么无聊地工作烦死人了；
- ✦ 频繁跳槽多年后发现，除了工资涨了一点以外，我到底要干什么却还不知道；
- ✦ 工作中一点动力都没有，别人不推我就不动，虽然我知道这样不好，但是我还是无法控制自己；
- ✦ 我很后悔我过去的做法，否则今天也不至于这样；
- ✦ 我每天都会被无聊的细节和事务性工作所缠绕，晚上躺在床上发现一点成就感都没有；
- ✦ 我的时间管理很紊乱，现在做的大多数事情都是不重要的，而重要的事情我总是没有时间去做；

……

当我们遇到这些困惑和问题的时候，如果我们没有发现问题的根源，我们就会本能或习惯性地选择两种模式来进行处理：

模式一：以问题为导向的思维——关注于问题本身，每天哀叹、抱怨、逃避……

模式二：以解决问题为中心——注重问题本身的解决，但危险在于我们没有以目标为导向，问题的解决既可能是假象，也可能会制造新的问题。

1991年，由格雷戈里·贝特森（Gregory Bateson）发展出来，后由罗伯特·迪尔茨 (Robert Dilts) 整理的 NLP 逻辑六层次，可以用来解释社会上出现的很多事情。它在辅导工作中让我们明白受导者的困扰所在，因而更容易帮助他找出解决问题的方法，是很实用的一套概念。

在本章节中，我将进一步对这个概念进行拓展和开发，使之能够成为我们自我管理和自我引领的工具。

顾名思义，逻辑六层次主要由6个层次组成，分别为：环境、行为、能力、价值观/信念、身份定位、愿景，这六个层次具有一定的基本关系和逻辑，因此被称为“逻辑六层次”。从环境→愿景，是自我管理的路径；从愿景→环境，则能够更好地帮助我们实现自我引领。换言之，如果在工作中我们遇到了问题或困惑，往往是从环境层中觉察到，这时我们可以自下而上地按图中标出的逻辑六层次进行问题的查找和分析，找到困惑的根源所在；而自上而下能够帮助我们理清一条通往未来的路径图，并能够为我们设置前进的目标。

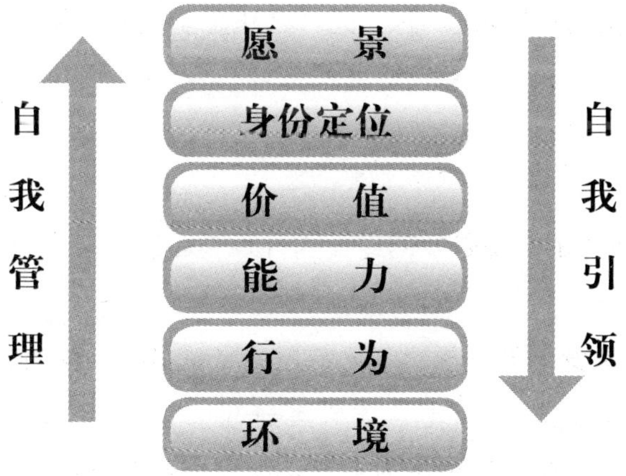

接下来，我将对这六个层次作出解释。

环境层

- 今天你的工资是多少？
- 今天你在哪个公司上班？
- 今天你的身体健康状况是怎样的？
- 今天你在领导心目中的可信度是多少？
- 你是否得到了同事、下属或者客户的爱戴？
- 你和你家人的关系怎么样？

……

这些都属于环境层。环境层就是今天我们身处的环境，是我们所得到和拥有的，因此，环境层又叫现状层或结果层。

在工作或生活中，我们会遇到一个又一个的问题，这些问题往往都是出现在环境层面上而让我们感知到的，只有我们对环境感到不满，才会把它定义成是一个问题。可是关键在于：我们不能总关注于问题本身，我们至少要找到问题的根源，并就问题的根源去探寻，才能从根本上解决问题。那么是什么决定了我们的环境？

行为层

我们今天的环境是我们过去的行为决定的：

- 今天身体健康状况不好的原因可能是过去熬夜、喝酒的行为决定的；
- 今天学历不高的原因可能是过去学习不努力决定的；

- 今天家庭关系处理得不好可能是过去不重视决定的；
- 今天在领导眼中不值得信赖可能是过去欺骗或不诚信的行为决定的；
- 今天在下属眼中没有权威可能是过去不以身作则的行为决定的；

……

一个人今天拥有的结果往往是由过去的行为决定的，因此，我们如果对今天的表达不满，想改变这种结果，至少要在我们的行为层上去进行探索和改变，当然，行为层或许也不是最终问题产生的层面。

这里有一点值得注意：我们今天的环境是由过往的行为产生的。这里的行为包括两方面：

- 影响圈行为：我们能够掌握或掌控的行为，如喝酒、抽烟、熬夜、读书、以身作则……
- 关注圈行为：我们不能掌握或掌控的行为，如父母不让读书、交通事故、地震……

环境层面问题的产生往往可能是过往可控但没有控制好的行为决定的，也可能是过去不可控的行为导致的，如：身体不好可能是过去发生过车祸，这个车祸是不可控的。作为一个积极主动的人，我们需要的是关注自己能够控制的影响圈行为，而不要关注关注圈的不可控行为。一个人如果把关注点一直放在那些不可控的事情上，就相当于把自己交给了别人，也更容易怨天尤人。

能力层

是什么影响了我们的行为呢？是能力！

一个人会表现出什么样的行为，往往是由他具备什么样的能力决定的。没有能力作为支撑，即使他的态度再好，也只能是空想。也就是说，是我们的能力让我们在相应的框架下有了行为选择的自由。

比如，在英语的说写方面，只有当我们具备这个能力时才可以选择几种行为：

- ✦ 行为 1：说英语
- ✦ 行为 2：不说英语
- ✦ 行为 3：中英文结合讲话
- ✦ 行为 4：做英语家教
- ✦ 行为 5：当口语翻译

……

也就是说，我们很多行为的不当往往是因为我们缺乏相应的能力。这时候，如果希望我们的行为发生改变，就需要在能力层面上去加强，只有具备能力，才有选择行为的自由。因此，一个人的能力越强，他选择行为的空间就越大，弹性也越强！

值得注意的是：这里还有另外一种情况，有时我们具备了一种能力，但是我们却没有把这种能力表现出来，转变成一种与之匹配的行为。

例如：我们都具备一种能力——微笑的能力，但是很多时候我们不会选择与陌生人甚至是同事微笑；我们具备鼓掌的能力，但是有时候我们听报告时不会自动自发的鼓掌；我们都具备弯腰捡东西的能力，但是我们往往不会把地上的烟头捡起来。

因此，下一个问题就出现了，是什么影响了我们去学习、拓展一种新能力？又是什么影响了我们把已经具备的能力表现成一种行为呢？答案是价值观。

价值观层

什么叫价值观？简单而言，价值观就是我们对正确与错误、重要与不重要的评价标准，是指一个人对周围的客观事物（包括人、事、物）的意义、重要性的总评价和总看法。价值观一方面表现为价值取向、价值追求，凝结为一定的价值目标；另一方面表现为价值尺度和准则，成为人们判断事物有无价值及价值大小的评价标准。价值观是我们行事的准则和依据，只有我们觉得正确或重要，我们才可能去学习一种新能力，从而发生一种基于能力框架下的行为。

每一个人都有价值观，可是我们不一定都非常清晰地知道我们的价值观是什么，但是不得不承认的一点是：我们所有人所做的大多数行为都是受到我们价值观的影响；不同的人由于出身、环境、受教育情况、过往经历等不同，会形成各自不同的价值观。

价值观一旦形成，就会具有相对稳定性，除非是经过强烈的外部刺激，否则是不会发生太大的变化的。

比如：在我的价值观体系中，事业的成功和成就感是起主导作用的核心价值观，而家庭是在成功与成就感之后的，于是在这样的价值观引导下，我就会把我的大多数时间放在工作中。突然有一天，我爱人拿出了一份离婚协议书要求我签字，原因是我长期不在家，她感受不到我给她的爱，因此坚持选择离婚。这时候，我突然意识到家庭对我很重要，在这样的外部刺激下，我可能会突然把家庭放到事业的成功和成就感之前。

一个人的能力是由什么决定的？是一个人的价值观。只有我们认为重要，才会去尝试学习一种新的能力；同样地，我们之所以有很多的能力没有用行为表现出来，往往也是受到我们的价值观的影响。

那是什么决定了我们的价值观呢，换言之，为什么同样的事情，不同人的反应和重视程度是不同的呢？

身份定位层

一个人的身份定位决定了一个人的价值体系，你到底是谁？你是如何定义自己的身份的？这往往决定了对你而言什么是重要的，也就是决定了你的价值观！

身份定位往往回答了“我把自己定义成一个什么样的人”这个问题。

如果你把你自己定位成一个民主公平的领导，对你而言，维护成员的公平性就是非常重要的；如果你把你自己定位成一个负责任的丈夫，那么面对爱人保持坦诚、沟通与尊重就是非常重要的。

这里需要说明的一点是：一个人的身份定位不是唯一的，身份定位就犹如一个钻石，是由很多个面组成的。

愿景层

到底是什么决定了我们的身份定位？是我们的愿景，我们对于自己的未来有没有一个美好的画面存在。

什么叫美好的画面，简单而言，就是对于自己的未来，我们需要有一个值得追求的愿景存在。

“愿”是愿望，“景”是景色，“愿景”就是我们自己希望看到的一副非常美好的、愿意达成的画面，它是一种意愿的表达，概括了未来目标、使命及核心价值，是哲学中最核心的内容，是最终希望实现的图景。

愿景的概念并不神秘。没有阶级、没有压迫、没有贫穷、没有失业、人人幸福的共产主义社会其实就是全世界共产党人的共同愿景。“试看将来的环球，必是赤旗的世界！”革命年代里，共产党员们秉持这样的坚定愿景，抛头颅洒热血，前仆后继，使得世界上从无到有出现了一系列崭新的社会主义国家，这就是愿景的力量。

无论是个人还是公司，我们都需要用愿景来引领发展：

对个人来说，愿景就是个人在脑海中所持有的意象或景象，这幅画面是清晰的、感性的、宏伟的、开阔的。愿景越清晰，我们追求的动力就越强大，今天很多职场人之所以无所追求、工作被动，是因为不断地在把自己交给别人：

- 为什么我们被动，是因为我们相信有别人来推动；
- 为什么我们抱怨，是因为我们总是希望别人给予和付出；
- 为什么我们推卸，是因为我们相信有人来承担；
- 为什么我们不成长，是因为我们把学习当成了别人的事情；
- 为什么我们感受到不公平，是因为我们经常拿自己和别人进行比较。

之所以我们经常把自己交给了别人，其根本原因在于我们没有真正把握自己生命的意义与价值，换言之：我们总是在被动地生活，并且以接受和搞定生活中的问题作为我们的目标，没有主动去规划和设计我们自己的人生，这样，势必导致我们的社会怨声载道和公司打工心态长存的现状。

在今天物欲横流、一切向钱看的年代，越来越多的人已经没有了坚定的信念和愿景，在工作中亦是如此，这一点是非常可怕的。

我个人有着非常坚定的愿景，用十分理性的一句话表示就是：我坚信，我这辈子所有的付出和努力皆是为了成就我临死前那一刻美好的感受。用非常感性的画面描绘出来就是：我仿佛已经看到了我即将离开这个世界，在弥留之际，我的眼前浮现出一幅幅这辈子非常值得骄傲的画面，当我看到这些画面的时候，我的内心是非常平和的，我不因这一生的碌碌无为而羞愧，也不因虚度年华而懊恼。

在我的工作和生活中，每当我遇到挫折或困惑都会想到我的愿景，于是我会把挫折当成动力，把困惑当成机会，不再为了问题而烦恼。所以，每个人都需要给自己的未来制定一副美好的画面。用我课堂上的话来讲：我们可以选择把家里的结婚照摘下来，用你愿景中的那副画面来代替，每天看到你的愿景，就会知道今天你的方向在哪里，就会少一些抱怨和困惑，多一些接受和改变。

不仅是个人，公司也需要建立起愿景，如麦当劳的愿景就是“成为世界上服务最好、最快的餐厅”，福特汽车公司成立之初的公司愿景是“让每个美国人都能拥有汽车”。

对于我的公司——中国培训师大联盟，我也有一幅非常清晰的愿景存在：在北京国际机场 T3 航站楼上，一架 A380 国际航班缓缓落地，从飞机上下来一群外国人，手拉行李箱走到出租车等候区，用非常生硬的中文对司机说：请把我们送到中国培训师大联盟。司机看都没有看地址，直接说：好嘞！然后一路把他们送到我们公司楼下。

各位，这个画面是非常清晰和感性的，当我们的公司有这个画面存在的时候，这意味着什么呢？意味着我们已经成为国际化公司。

但可惜的是：现在很多公司都在提愿景，但是没有把愿景一步一步地解读成它的身份定位、核心价值观、关键能力及制度，没有形成上下互动的一个科学有效的系统，以致很多公司的文化形同虚设。

逻辑六层次的环境层和行为层对我们自身而言是非常清晰的，因为我们每天都在和它们打交道，也是处在我们的有意识层面；能力层和价值观层对我们自身可能是半清晰状态，不完全清楚，但通过提问、思考或借助第三方工具，如测评能够让我们看到；大多数人对自己的身份定位和愿景的认知是不清晰的，必须不断自省才能觉察，它们处于人的无意识层面。当我们问一个人：你的愿景是什么？我想这个人会非常诧异，甚至根本就回答不上来，但实际上每个人都有愿景，只是清晰或模糊而已。

逻辑六层次是非常实用的自我管理和自我引领的工具，由于其中的下一个层次是由上一个层次决定的，因此，我们可以自下而上地（环境→愿景）进行问题的查找，这样就形成了一套自我管理的工具；同样地，如果我们自上而下地（愿景→环境）进行提问或整理，就会形成一套自我引领的工具。

6.3 自我管理的路径

工作中，当我们遇到困惑、矛盾时，我们如何运用逻辑六层次来进行自我管理呢？

首先，我们需要找到问题的根源，再通过逻辑六层次去进行思考，看问题到底出在哪一个层面上。

其次，当我们找到问题后，不能只寻求在问题层面上解决，而是要在其上一个层面上进行解决。

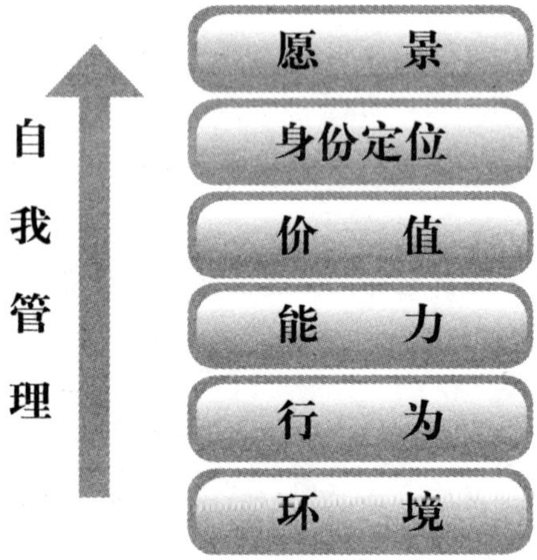

第一步：自下而上地查找问题

在前面我们已经说过，逻辑六层次的上一个层次决定了下一个层次，也就是说，愿景决定了身份定位，身份定位决定了价值观，价值观决定了能力，能力决定了行为，行为决定了环境或结果。因此，自我管理的路径应该按照自下而上的方法来进行问题的查找，并且从问题的上一个层面去解决问题，从而实现良好的自我管理。

曾经有一个客户生活中遇到了一些困惑，于是希望能够从我这里得到一些建议。

客户：陈老师你好，我这几天很痛苦，你能不能帮我？

我：我很乐意，也很希望能够帮到你，但是我相信你有解决问题的方法，我希望可以帮助你找到自己的解决方法。方便告诉我发生了什么吗？

客户：我太太这几天要跟我离婚。【结果】

我：这个事情确实有点大，但原因是什么呢？

客户：我是做工业品设备营销的，我的客户都是大客户。有一次客户来北京，晚上我请他吃饭，结果酒喝多了，就没有回家，不巧的是那天晚上手机没电了，所以太太联系不上我。【行为】

我：看来情况确实有些严重，你之前有发生过类似的情况吗？

客户：之前也有，但是很少有不回家的情况。

我：那之前晚回家，甚至彻夜不归的时候，你太太一般都会怎么表现呢？

客户：会跟我争吵，但是没有这次这么严重。

我：你现在希望的结果是怎样的？是你的太太和你重归于好，不离婚吗？

客户：是的，我其实很爱我的太太。我们俩是大学同学，在一起时间很长了，她也很了解我，只是这次的事情确实让她很气愤，她现在已经搬回娘家住了。

我：你刚才说过你们感情很深，我可不可以理解成你们是彼此信任的？

客户：是的。

我：那你现在可以做什么，让你太太不那么冲动地和你离婚呢？

客户：如果我能给她一份承诺并且哄哄她，我想她会改变的。

我：我觉得写承诺书很简单，哄哄她也不难，对吗？

客户：当然，要是我愿意这么做肯定是没有问题的。但是我并愿意这么做。【能力】

我：能说说理由吗？

客户：如果我给她写一份承诺书，她以后就会有事没事总拿这件事来说我；最重要的是，如果她以后还动不动就用回娘家来要挟我，那我在家里就失去了做男人的尊严了。【价值观】

在这个案例中，我们可以发现：客户的问题是出在价值观或信念层面上，他自己知道怎么解决问题，但是却不愿意这么做，其原因并不是他缺乏一种能力，而是他内心的一些声音（价值观或信念）拴住了他。

第二步：在问题的上一个层面去解决问题

问题的解决需要在上一个层面进行，所以，我需要在身份定位层面上去引导他。

我：你很爱你的太太，是这样的吗？

客户：是的，虽然我们在一起生活了很多年，没有了当初恋爱的激情，但是我确实很爱她，而且家里现在也离不开她。

我：你有没有想过，你希望在你太太面前做一个什么样的丈夫呢？

客户：这个没有想过。

我：那你现在就思考一下吧。你希望你太太怎么评价你？

客户：……靠得住吧！

我：你能具体谈一谈吗？

客户：起码应该是一个对她坦诚并负责任的丈夫。【身份定位】

我：你确定你希望你太太对你的评价是负责任、坦诚的丈夫吗？同时，这也是你希望的？

客户：是的。

我：我有一个朋友，他之前遇到了和你几乎一样的事情，也面临着要离婚，但是他的情况比你还要严重，他是有了外遇结果被他太太发现了。他虽然表面上答应与第三者断绝关系，但是背后却仍有联系，你觉得他是一个坦诚和负责任的丈夫吗？

客户：当然不是。

我：那你觉得他怎么做才算是坦诚的呢？

客户：要么离婚，要么就真正给他太太一个承诺，并且要做到。

我：现在你知道你该怎么做了吗？

客户：……我知道了。确实，面子没有想象中那么重要。

我：那你接下来会怎么做呢？

客户：呵呵，买一束花，给一个承诺，大不了再写一份检查！

我：等你们的好消息。

我们对问题的感知往往是发生在环境层或行为层的，这时候我们需要不断地按照逻辑六层次自下而上的方向去进行提问和反思，这样做的好处是能够帮助我们找到问题的根源。以下是发现问题时常用的提问方式：

环境层面的提问：

- ✦ 我对我现在的哪些地方感到不满意？
- ✦ 我现在感觉到的问题是什么？
- ✦ 我现在的困惑或矛盾是什么？

行为层面的提问：

- ✦ 之所以现在让我感觉这是个问题，是因为过去发生了什么样的行为导致的？
- ✦ 过去的这个行为是我能控制的行为，还是不能控制的行为？

能力层面的提问：

- ✦ 我过去之所以那样去做，是因为缺乏一种什么样的能力？
- ✦ 这种能力是我本身不具备的还是我虽具备但没有选择发生正确的行为？

价值观层面的提问：

- ✦ 这种能力我为什么过去没有意识到，是不是因为我的某种信念导致的？
- ✦ 我有这样的能力，导致我没有做出正确行为的原因在哪里？

身份定位层面的提问：

- ✦ 我到底希望自己是一个什么样的人？

✦ 在工作中，领导希望我是什么样的人？

✦ 我对我自己是如何定义的？

愿景层面的提问：

✦ 我希望未来过什么样的生活？

✦ 这个梦想能不能清晰地描绘出来？

6.4 自我引领的路径

我在管理课堂上经常提到这样一句话：作为一名管理者，所有的管理行为都应该基于领导行为的框架下才有意义！

管理是做今天的事，领导是做明天的事，如果今天的事情没有基于对明天的思考，那可能出现的结果就是今天的工作没有成就感，明天也许又在重复今天，或者又会陷入另外一些细节中去。

其实，这句话用在个人的成长和引领中也是同样的。每个人都需要对自己进行管理，也需要对自己的未来进行引领。我们今天的行为可以称之为是一种自我管理的行为，在日常工作或生活中，我们往往为了处理工作和生活中的一个接一个的问题而忽略了长远的思考与追求，以至于我们长此下去形成了以解决问题为导向的习惯，同时，我们由于没有基于未来的追求来引领我们自己，而在平时解决问题的过程中遗留下了一些新的问题。这样，就会让我们越来越被动和迷惘，不知道什么应该做，什么才是重要的，也分不清哪些事情是短暂的，微不足道的，哪些是对人生有深远影响的。

因此，如果我们能够把大部分时间和精力放在有未来追求的或具有深远意义的事情上，并且在日常生活中能够基于未来的追求去评估和选择今天的行为，自然会把人生推至更理想的高度上，也会让我们少走弯路，少有困惑。

逻辑六层次不仅可以作为个人在日常管理中的自我管理工具，还可以面向未来作为自我引领的工具，甚至对我们个人的职业生涯规划都是一个好用和实用的工具。

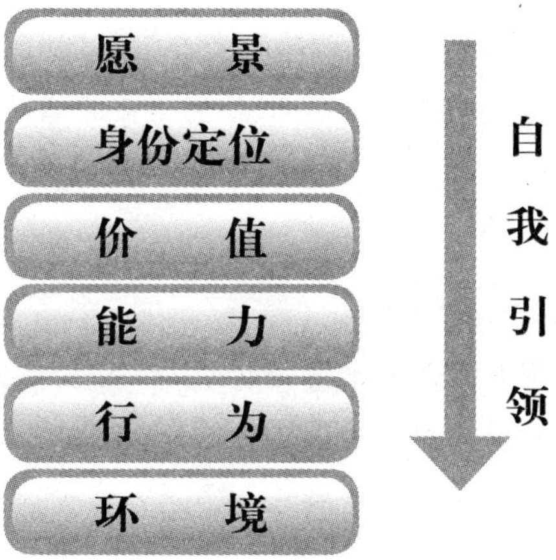

和自我管理不同，自我引领的方向是自上而下的，你将来想达到一个什么样的环境，一定是由你的愿景、身份定位、价值、能力、行为来决定的，因此，引领自我，需要不断地思考以下这些问题。

愿景层面的问题

愿景是一幅非常感性的、非常宏伟的画面，这幅画面是我们将来最想到达的地方。在设计个人愿景的时候，我们需要注意如下几点：

- 愿景一定是以画面的形式存在，且画面越清晰越会让我们充满动力；

- ✦ 愿景是用来追求的，换言之，愿景是我们的终点，但不是我们实现的目标，我们的目标应该建立在愿景下面的几个层级上，如行为层；
- ✦ 一个人在工作、生活、自我三条线上都会有不同的愿景出现，所以愿景往往不是一个，而是多个；
- ✦ 愿景会随着我们的能力、价值观、身份定位的不同而不断进行更新；
- ✦ 愿景不仅仅可以设计成生命的使命宣言，还可以设计成面向未来 3~5 年的小愿景。

愿景层面常见的问题：

- ✦ 我希望将来有怎样的画面出现？
- ✦ 画面中有没有我的存在？
- ✦ 周围有什么声音，有什么人，有什么事物？
- ✦ 在画面中我是怎样的状态？
- ✦ 画面中我的着装怎样？
- ✦ 画面里是什么季节，什么时间？
- ✦ 能不能把这个画面拍成一副静态的照片？

……

身份定位层面的问题

基于愿景，我们需要问自己是谁，我们在愿景当中是一个怎样的人，这是我们对自身身份定位的期望，这个身份定位将会引领现在的我们向它靠拢，并指引我们未来的方向。

身份定位层面常见的问题：

✦ 那个画面中的我是谁呢？

✦ 在那个画面中，我是一个什么样的人？

✦ 为了与那个画面相匹配，我必须成为一个什么样的人呢？

价值观层面的问题

有什么样的身份定位，就需要有什么样的价值观和内在的信念与之匹配，否则，我们将成为不了那样的人，这时候我们需要思考下列一些问题：

价值观层面常见的问题：

✦ 我已经是那样的一个人了，此时什么才是最重要的呢？

✦ 我已经是那样的一个人了，为了与身份相匹配，我必须具备什么声音呢？

✦ 那样的一个人应该相信什么，不相信什么呢？

✦ 对我而言，什么才是最重要的呢？

能力层面的问题

我们内心不管具备什么声音，诚信也好，责任也罢，我们都需要在自己的世界里去进行解释，并且要想维护好自己的声音，践行自己的声音，只有声音是不够的，还需要培养自己的能力体系来进行支撑。这时候，我们就需要思考下列一些问题：

能力层面常见的问题：

✦ 作为那样的一个人，有些东西是非常重要的，那么必须也应该具备什么能力来支撑我的声音呢？

- ✦ 这些能力当中，哪些能力是我本身就具备的，只是之前一直都没有表现和发挥出来？
- ✦ 哪些能力是我不具备的，但是为了实现自己的声音必须去学习和扩展的呢？

行为层面的问题

一种能力只有表现出一种或多种行为后，才能检验出是否已经具备或使用。在能力层面上，我们通过思考问题会慢慢地梳理出我们的能力结构，接下来，我们需要在行为层面上对自己进行提问。由于我们的能力是一个体系，因此，在行为层面上的提问梳理出来的结果往往并不是单一的结果，而是一系列的行动体系。

行为层面常见的问题：

- ✦ 上述中的几种能力对我而言是非常重要的，当我具备了什么行为时才说明我是具备了这种能力呢？

结果层面的问题

如果我们做出了相应的行为，我们就会得到相应的结果吗？我们需要把问题继续交给结果层。

结果层面常见的问题：

- ✦ 如果我这样去做的话，我一定会得到这样的结果吗？
- ✦ 我现在应该怎么做呢？
- ✦ 我愿意这样去做吗？

✦ 我清楚我的目标是什么吗？

以下是根据我的一个客户案例整理出来的文字，这个案例是完全按照逻辑六层次的顺序来进行和操作的，希望通过这个案例能够让大家清晰地认识并学会使用这个工具来进行自我引领。

逻辑六层次在自我引领中的应用

【愿景】

提问：你能不能给我描述出一幅画面，这幅画面是你今后 3 ~ 5 年中最想达到的工作状态，画面越清晰越好。

回答：这是一个阳光明媚的早晨，8 点 35 分，我穿着一身笔挺的西装，系着一条绿白相间的斜纹领带，充满自信地走到我的办公室。我的办公室是一个独立的空间，面积很大，将近 60 平方米，大落地窗外的景色很好，没有高楼的遮挡。我站在落地窗前向外凝视了大约 5 分钟，助理送来一杯咖啡放在我的办公桌上。我坐在办公椅上打开我的笔记本电脑，办公桌也很大，边上还放着一些淡粉色的百合和一个设计感很强、简约不简单的台灯。

【身份定位】

提问：在那个画面中，你是谁？你拥有什么样的角色？你是一个怎样的人？

回答：我是一个成功人士，一个乐观向上的人，一个自信的人，一个职业化程度很高的人，一个带领着200人团队的销售总监。

【价值观——信念】

提问：作为这样的一个人，你必须相信什么？什么样的声音对你而言是重要的？

回答：诚信、对成功的执着追求、学习力、品质和责任感。

【能力】

提问：你有这么多的声音，这对你的这个身份是非常重要的，那么我们需要什么样的能力来支撑这些声音落地呢？

回答：能力1——清晰的逻辑思考能力；能力2——强的沟通力、传递原则的能力；能力3——接受新事物和快速的学习能力；能力4——对新环境的适应能力；能力5——自我心态调节和情绪引领的能力；能力6——快速获取信息的能力以及执行力；能力7——预判危机的能力；能力8——人际关系的管理与维护能力；能力9——领导力和影响力。

【行为】

提问：当你具备什么样的行为时，你才确定你具备了这些能力呢？

回答：行为1：处理纠纷的时候，能够不急于判断，先学会跳出来思考和分析，而不是停留在问题之中；行为2：对想要达成的目标，先考虑整体框架和进程，而不是处理细节，先收集信息，拿出整体解决办法，理清思路以后再去执行；行为3：处理冲突的时候会选择一个合适的环境和场所，跳出来处理，营造一个和谐环境，运用一些肢体语言在上层建筑的高度去引导矛盾双方，自己要保持中立，跳出来影响他们，不能在处理的过程中站队；行为4：善于倾听别人，了解对方的意图，防止误解，引导他人发表观点，坦诚地沟通，了解他人内心真实的声音，沟通开始时保持信任；行为5：表达清晰，让他人清晰地了解自己的标准，防止他人误会和判断，下达指令时更需要清晰，防止他人在执行中出现标准的落差，影响执行力；行为6：鼓励团队成员发表观点，能够站在领导的角度思考问题，主动与上级谈话和反馈，考虑周全，用上级的风格沟通，加强情感沟通，正确向上传递信息，增加上级的信任感；行为7：个人一定要以身作则，正确示范，体现原则，在处理问题上对事不对人，理性地处理违反原则者，清晰地把自己的原则传递给他人。行为8：善于思考，要保持对于事物的好奇心，愿意分析发生的事物，保持意愿和平和的心态；行为9：虽然不一定要经常参加培训，但并不能缺乏学习的心态，通过实践去感悟，对自身知识的缺乏要保持敏感度，并有迫切的愿望去了解和学习，联系实际，跟目标相关的欠缺知识一定要去学习，对欠缺的知识要有危机感；行为10：在新环境中，要学会先适应不同的人，对于人际冲突的发生，愿意去解决，不排斥，具备一种柔性；行为11：工作中对自己的个性要尝试进行调整，务实地去解决问题，跟目标相矛盾的人出现时，需要平衡心态，先处理心情，再处理事情；行为12：对与目标相关的信息，多用现代通信手段去进行沟通和处理；行为13：具备危机意识，关注职业安全，一旦认为目标达成与理想不一致，要重新做一个整体思考，看问题出在哪里并去进行解决；行为14：人际关系上更强调沟通，用非权力的领导力去影响他人的价值观，在团队中梳理精神层面的统一价值观，用坦诚的沟通去引领和影响他人达成共识；行为15：需要对不同性格的人，如平级、上级等进行识别，用非权力的影响力去影响他人，调整及迎合不同性格的人；行为 16：关注执行成果，结果导向，对员工要多关爱，奖惩分明，制度建立要体现原则性。

【结果】

提问：现在你知道你应该怎么做了吗？现在你的行动方向明确了吗？如果这么做会怎么样呢？

回答：明白了，知道了，如果这么做我相信我一定会梦想成真！

这是一个美妙的时刻

这是一个美妙的时刻，因为心痛，心痛激发了我的斗志；
这是一个美妙的时刻，因为迷茫，迷茫让我坚信黎明即将到来；
这是一个美妙的时刻，因为绝望，绝望强化了我的思考模式；
这是一个美妙的时刻，因为苦闷，苦闷却催生了我更加坚持；
这是一个美妙的时刻，因为失败，失败正是我成功的信号；
这是一个美妙的时刻，因为失望，失望擦亮了我的双眸；
这是一个美妙的时刻，因为匆忙，匆忙让我体验了价值与意义；
这是一个美妙的时刻，因为劳累，劳累给了我保重身体的信号；
这是一个美妙的时刻，因为压力，压力让我变得更加善于竞争；
这是一个美妙的时刻，因为忙碌，忙碌让我拓宽了生命的厚重；
这是一个美妙的时刻，因为尽力而为，尽力而为让我全力以赴；
这是一个美妙的时刻，因为漫长，漫长让我知道了时间的紧迫；
这是一个美妙的时刻，因为离心，离心让我知道了什么叫合作。

谨以此，献给那些共同在成功路上探索的人们！

——写于2009年创业不久

致公司内部各位同事的一封信

各位同事，大家好！

新的一天，愿你们有一个好心情。当然，我希望公司的每一位同事都能够静下心来，至少花15分钟时间来用心地看这封信。

当我给各位写这封信的时候，时间已悄然指向5月12日。两年前的今天，举国同悲，10多万同胞顷刻间离我们而去，没有来得及话别，甚至没有来得及哭泣。这是天灾，在天灾面前，我们没得选择。

然而，各位，我们是幸运的，因为我们还活着，我们还有选择的机会。但是，我们有没有真正去思考，我们活的每一天是不是都是有价值的。

作为一个职业人，按质按量地完成公司布置的并经由你个人认同和承诺的工作，是你职业性的表现。单一完成8小时的工作，只能算是你完成了你的任务，完成了你的工作过程，完成了对《劳动法》的责任。但是，如果你没有严格完成公司需要的数据，你并没有完成公司期望得到的结果，那么就拜托你，想办法完成！如果你觉得很难，就请你延长你的工作时间，因为这同样是你工作的一部分。

有很多事情不是我们做不到，而是我们的态度出了问题：

上班穿工装真的很难吗？

上下班签个到真的很难吗？

每天下班前，花1分钟提交数据真的很难吗？

提交数据时，多抄送一封邮件真的很难吗？

公司客人进屋，点头招呼真的很难吗？

下班前花30秒收拾一下自己的办公桌真的很难吗？

自己边上的一亩三分地保持整洁真的很难吗？

大声喧哗前照顾一下正在通电话的同事真的很难吗？

面对同事，多一个点头、多一个微笑真的很难吗？

早晨到公司，打个招呼，送对方一个微笑真的很难吗？

发现同事犯了一个在你看来很容易解决的错误，简单地协助他真的很难吗？

……

事情本身也许并不可怕，可怕的是我们对事情的思考会自我设限。而一个人自我设限的尺度将决定我们的终点和目标！

我一直在寻找一个问题的答案：到底是什么决定了人与人结果的差异。我曾经以为是先天环境，我也曾经试图理解成是后天机遇和条件。但这些都被我一一否决，我发现人和人的差别是自我设限的尺度所决定的。按成功学的一句话而言：你是你选择的你，你是你想成为的你！

我曾经告诉过我们的同事：一个人今天的生活状态不是今天所决定的，是3年前乃至5年前你的选择决定的。同样地，从今天弓璇老师的亲和与付出、张国琴老师的勤奋与好学、白小贝老师的投入与敬业，我同样能看到各位今后3～5年的情景。今天我们共处一室，生活情境相差无几，但我有理由相信，5年后的今天，我们同处一室的有些同事已经拥有了自己的房子和车，而有些人却同样还只能是蜗居。到那时，我们是否还会长叹世事的不公，抑或你没有一个富爸爸呢？

放弃那些所谓的瞎扯论吧，他只会让你裹足不前而浑然不知。请相信，你是你选择的你！今天你的态度选择已经决定了接下来你的路指向何方。

最后，我想告诉我们的同事：你有选择的权利和机会，但你要对你的选择负责。如果你今天决定选择了中国培训师大联盟这个平台作为你表现的舞台，你就必须承认你选择了一种生活方式，这种生活方式一定要符合公司的要求，也请你对自己多一些尊重，对公司多一些尊重，能让你的每一天都过得有价值。否则，就请你马上离开吧！

因为，公司的平台是为有准备、有选择、有责任、有担当、有数据、有结果、有价值的人而准备的。如果你不是，请你马上离开这个团队，因为唯有请你离开，才是公司对你负责任的表现。

最后，请大家记住以下四句话，这些话其实我一直在讲：

公司不仅仅关注你做了什么，公司更关注你给公司带来了什么？一切请用你的行动和结果来说话！无聊的过程、无聊的细节、无聊的表现不是我，也不是公司的兴趣所在。

起点不重要，重要的是加速度。你今天的起点可以让我不满意，但你必须让我对你的明天抱有信心。你的勤奋与好学是让我建立对你信心最好的方式！

我们公司鼓励的是：在共识的基础上去发挥你的个性，而不是任由你个性的发挥而忽略了对公司的共识。所以，请你先有共识！没有共识的个性会让我认为你是对公司的一种挑战。

只有看得远，才能站得高。你是你选择的你，你的格局是你的一种选择，它会影响着你的行动和结果；

对待生活，心存感激；对待命运，心存敬畏！

——谨以此送给 2 年前遇难的 10 多万
今昔已阴阳两隔的同胞！

你向我问路，我指向远方，因为那也是我前进的方向。

——谨以此与各位同事共勉！

——写于 2010 年 5 月 12 日凌晨，时值汶川地震两周年

生命随笔：我缺钱，但我不缺爱心

我承认：我缺钱，但我不缺爱心，也许我的爱心更容易被唤醒。

我承认：我有爱心，你同样也有，我更相信下面的天使同样会唤醒你的爱心。

我相信：只要有信念，只要有坚持，所有的挫折都会成为促进成长的助推器。

我更相信：上天赋予了你我生命的同时，一定会赋予你我一种生活的方式。

然而，对于一个仅仅出生6个月就患上急性非淋巴细胞白血病的小女婴王翌涵而言，她靠什么来坚持？她的信念又从哪儿来？

今天，是我很幸福、很有价值的一天，因为我把刚收到的一笔课酬捐给了王翌涵——这位仅出生6个月就患上急性非淋巴细胞白血病的小女婴。这并不是说明我有多么伟大，而是我又一次体验了“生命的价值在于影响别人、快乐自己”。我相信：帮助别人，其深层次动机永远是快乐自己！而让自己快乐的最深表现莫过于影响和改变他人的生活轨迹。更何况，这是影响和改变他人的生命轨迹。

今日之人世，让我感觉到了太多的浮躁。到底是什么在影响着我们的行为方式？是心态，是浮躁的心态！浮躁的心态让我们越发感觉到了一种不平衡，而一旦平衡被打破，便让我们感受到越来越多的不和谐：

今天，我们的物质财富增加了，但亲爱的伙伴，你有没有发现，你对生活的满意度降低了？

今天，我们的交往圈越来越大了，但亲爱的伙伴，你有没有发现，你真诚的朋友越来越少了？

今天，我们的沟通渠道越来越多了，但亲爱的伙伴，你有没有发现，你讲真话的机会越来越少了？

今天，我们吃的食物越来越丰盛了，但亲爱的伙伴，你有没有发现，你的健康越来越差了？

今天，我们的住房越来越大了，但亲爱的伙伴，你有没有发现，房子里的人越来越少了？

今天，精美的房子越来越多了，但亲爱的伙伴，你有没有发现，完整的家庭越来越少了？

浮躁的心态让我们有了更多的选择，更多的选择让我们的价值观更加多元。现在更多的人关注的是“白毛女为什么不嫁给黄世仁”、“王家岭透水事故如何演变成一个大片”，而我们的传统美德呢？原本那份沉淀在我们心中的“仁、义、礼、智、信”却慢慢被掩埋，慢慢地沉睡下去……也许，我们自己都不知道该如何唤醒、何时唤醒。也许，只有当汶川地震、玉树地震发生时，我们才能在身体的某一旮旯处将其翻出并淋漓尽致地表现出来。然而，我们希望发生地震吗？永远不希望！！

信念需要感染，坚持需要支撑，你我的爱心就是今天王翌涵的信念来源。

我承认：我缺钱，但我不缺爱心，我希望我的爱心能够及时被唤醒。

我承认：我有爱心，你同样也有，不要将你的爱心极其深层的隐藏。

我相信：只要有唤醒，只要有行动，今日之王翌涵将来一定帮别人更多地体会到生命的意义。

我更相信：上天赋予了王翌涵生命并且生活在你我之间，就一定赋予了你我一种责任——帮助王翌涵的责任！

——写于2010年6月30日凌晨

执行前的思考——是什么与为什么

正确的执行，是在行动前先搞清楚“是什么”——目标是什么，标准是什么。不搞清楚“是什么”就执行，往往导致执行方向出现偏差，执行结果出现不到位。方向偏差的执行与不到位的执行往往就是在错误的道路上坚持着！错误的坚持不仅是在给你自己的行动制造泡沫，同时还在扼杀你自己生命的价值与厚度；同时，在职场中，这样的执行也是在扼杀和阻碍你所在的公司的成长。因此，执行前要反思、确认“是什么”，这是执行前的必要动作。《把信送给加西亚》中的主人公罗文不是傻，是大智若愚，他的行动不是无条件的，而是这个条件、这个资源他已经拥有，至于更多的资源，别人也不能更好地提供，只能靠自己（否则，执行此任务的就不会是他了）！同时，最重要是是：罗文的执行标准是高于他的领导的标准的。因此，在执行前，如果没有搞清楚“是什么”就执行，那是在执行中所犯的第一个错误！

当我们搞清楚“是什么”的时候，我们就完全可以去执行了，而不必纠结于“为什么”，因为“为什么”不是你执行的一部分，“为什么”也未必是你目前能理解的，即使能理解也未必认同！相信黑格尔的一句话“存在即合理”，你的领导既然让你执行，一定有他的道理。当然，这个道理未必是你现在能理解和认同的，那就给自己一次看到真相的机会，用你正确的执行所创造的结果告诉你自己！因此，在搞清楚“是什么”的时候不执行，而过分关注“为什么”，这同样是你在执行中所犯的第二个错误！

作为执行者，我们也许在没有搞清楚“为什么”之前不愿意行动，其因素之一是因为你觉得你的领导错了，你担心自己一旦行动会出现错误的坚持！即使如此，我想也不要在执行前过多地问“为什么”。

因为你很难改变你的领导，你可以用你正确的行动所创造的结果来证明，让他自己意识到他错了。因此，在没有正确的行动前就认为你的领导错了而选择不执行，这同样是你在执行中所犯的第三个错误！

——写于2011年5月10日

生活随笔：当问题来敲门

“陈老师，你是如何成为讲师的？你为什么会选择讲师这个职业？”这是客户经常问我的两句话。

对于如何成为讲师，我想是一种误打误撞、缘分使然加水到渠成的结果吧，但一定不是一毕业就是由我的职业生涯所决定的。这一点，我得坦诚。但更是后期的“为什么选择这个职业”，却坚定了我把培训当成事业来做。

作为一名讲师，我感到最幸福的事来自于我们对他人的影响。我想，培训不是改变，而是影响，我们永远无法去直接改变他人，但我们可以在特定的场合、特定的情境下做出我们特定的选择去影响他人自己去改变自己。因此，每次我在给讲师做培训师训练的时候，我总是把“爱心”作为讲师的最重要的素养来要求。我想，只有我们具备了爱心，才会全力以赴而非尽力而为地、尊重学员学习心理而非自居地、关注学员需求而非自以为是地去进行授课。永远记住：我们做的工作只有一个意义——影响他人做出新的选择。

其实，影响又何止在讲台。当问题来敲门的时候，这往往意味着机会的来临，这时请你不要拒绝问题，把门打开，友善地迎接问题。

今天没有课。晚上下班，我在拥挤的地铁中发现前面站着一位老太太，她在摇摆的车厢中随着我们这些年轻人一起赶往回家的路。前面的座位上坐了一群下班回家的社会界、公司界的精英们，却无人让座。你可以卑鄙地理解成这是因果定律：因为我排队在前面，所以我有座；因为我年轻，所以我能抢。但这一刻，在我的大脑中分别闪出了两幅画面：“佛山小悦悦”+“拒绝冷漠”。于是我做出了一个选择：问了一下老太太在哪里下车，然后走向前面那位专注于打游戏的妙龄女郎请她给老太太让座。我由衷地感激这位女士，因为她照顾了我的感受，很快就站了起来（虽然我100%相信她之前不可能没有看见这位面对面站着的阿婆，但是还是要感激她）。当我把老太太安抚坐下时，一转身我的眼睛湿润了，眼泪近乎夺眶而出。在这一刻，我很感动：我感动于我自己，感动于拥挤，感动于妙龄女郎，感动于他人把这次机会给了我。

谢谢这位老太太，因为是你给了我幸福的感觉。

谢谢这位女士，因为是你轻而易举地把幸福转让给了我，让我感受到了幸福，同时，你不知道你的行为更加鼓励了我以后会继续做下去。

感谢与这位女士同行的伙伴（因为并非一人），你们没有骂我多管闲事，或者上前给我一拳，如果你们那样做，我不确定下次是否还有勇气继续这么做。

感谢其他没有伸出援手的陌生朋友们，谢谢你们把机会给了我，其实，你们也可以和我一样能够在瞬间拥有幸福。

更感谢那些还没有主动站起来的社会精英们，如果你们一站起来就扼杀了我的幸福感，我要谢谢你们或闭上眼睛装睡，或看着半小时不翻一页的小说。

生活中，我们经常抱怨自己没有机会，其实在我看来，问题本身就是机会。

问题是什么？我的答案是：

问题是信号，是提示你解决的信号；

问题是方案，问题本身就给你提供了方案；

问题是动力，问题的产生是需要你去做而不是需要你去逃避；

问题是成长，人的成长是需要挫折式体验的，问题让我们有了面对挫折的机会；

问题是目标，每一个问题出现的背后都有几个目标需要我们去实现……

然而，在我们身边总是生活着三种人，这三种人面对问题的态度是迥然不同的，结果自然也就不同。

第一种人：以问题为导向的人

这种人的显著特点是把问题当障碍，因此他们或逃避或搁置。他们不是没有目标，而是当问题出现的时候，他们总是把问题当成了问题，他们总是希望在完成目标的路上能够一帆风顺，于是就陷入“出现问题—逃避问题—选择离开”的怪圈里。面对问题的时候，他们更多的是把目标暂且搁置一边，也许此时对他们而言，问题就是他们的目标，因此很多人会逃避问题，选择了另外一条路。殊不知，选择变了，方向变了，离他们的目标往往就会越来越远，到最后便开始去抱怨：“这不是我的错，如果没有这么多的问题，我也不会……”“不是我的问题，是目标本身就不现实……”这群人在我们的生活中不在少数，至少在30%左右吧！

第二种人：以解决问题为导向的人

这种人的显著特点是当问题出现的时候，他们并不会选择逃避，而是直接面对问题并且会毫无选择地去解决问题。然而可惜的是，他们在解决问题的过程中，没有发现他们想要达成的目标是什么，只关注于问题的解决而忽略了目标的做法往往让问题的解决成为了假象。有时候不但没有解决问题，甚至还会制造出新的问题。比如，你工作忙碌了一天，下班回家，看到你的太太在玩电脑，却并没有给你做饭，这时候，你发现问题来了，于是你选择了发脾气和抱怨。如果你这样做，你往往是以解决问题为导向的，但是结果呢？往往在解决一个问题的同时，又制造出一些新的问题。这时候也许你的太太会进行反击，你会发现这并不是你想要的。

比起以问题为导向的人，他们最大的进步是不会选择逃避，但美中不足的是在解决问题的过程中，往往忽略了目标，结果是效果给效率让路，最终问题的解决只是假象，后期会有更多更难跨越的问题存在。这群人是这个社会的主体，不夸张地说至少有50%的人是生活在这一状况的。

第三种人：以目标为导向的人

这种人的显著特点是首先不会恐惧问题，他们会客观地看待和接受问题，问题是什么？他们相信问题只是人的主观感受，问题的出现是有些事情需要你去做而不是你不去做。这类人最大的特点是当他被众多问题缠绕和包围时，他们会根据目标问自己：哪些是问题，哪些不是问题？他们同样会发现和看到：问题是通往目标的必然，因此他们会勤奋、坦然地解决问题，这些人是典型的结果导向型的人，而且是绝对成功的结果导向型的人。在处理问题的同时，不但紧盯目标，还会不断对解决方案进行评估，防止方案背后会有更多的新问题产生。他们考虑的是最大化的问题，而非是效率和效果谁给谁让路的问题。

问题不可怕，可怕的是我们真的把问题当成了问题；问题并不可怕，可怕的是我们对待问题的态度。生活中，我们总是恐惧问题，我们经常在问题出现的时候喜欢去划清界限——“这是他的问题”，“这不是我的问题”“如果不是他……我也不会……”其实，我们不知道，当我们说出这句话的时候，机会往往正在和你说再见。因此，我希望更多的人正视问题、善待问题、珍爱问题、拥抱问题、亲吻问题，因为问题是我们成长的必需品，问题是我们每个人成功路上的伙伴。

最后，用我在课堂中常用的三句话来做总结：

当你发现你自己的问题的时候，这是一件很值得庆幸的事，因为你已经知道了接下来你的行动方向；

当你发现你身边有问题存在的时候，同样还是要恭喜你，因为这就是你存在的价值；

当然，如果你觉得你身边的人、身边的事都是问题，很遗憾地告诉你，这就是你最大的问题所在。

——写于2011年10月24日晚

情人节的庆祝、反思与感恩

各位CTA优秀的同事们，大家过节好！

今天是个非常美好的节日，更是属于年轻人的节日，先祝福你们节日快乐！不管你是否处于单身状态，日子本身是客观存在的，只是不同的人有不同的解读方法而已，我希望：我们首先需要的是庆祝，其次需要的是反思，最后需要的是感恩。

我经常和大家说，工作的目的是生活，工作只是生活的一个元素，如果工作不快乐，那工作本身就违背了它存在的更高层面的价值。所以，今天，在这个特殊的日子里，我希望你们都很快乐。对于已婚或未婚但有男女朋友的同事，以及晚上需要约会的同事，公司允许你们提前2个小时下班，用简单的2个小时能够换取大家的快乐，值得！

其次，我们需要的是反思：反思自己一路走来，你快乐吗？你幸福吗？你有你选择的权利，但一定要记住：你更需要的是对你的选择负责。已婚人士，请珍惜现在，珍惜当下。过往的美是一种回忆，值得珍藏；将来的美是一种梦想，值得追求；但真正能够让我们触手可及的，是当下的幸福感受。所以，对于当下，我们一定要懂得珍惜。对于未婚但有男女朋友的同事，我们更要反思：反思自己的动机和选择目的，你为什么选择了他或她，你喜欢他吗？你爱她吗？如果你爱，你爱他或她的理由是什么？这个理由足够真诚吗？这个理由足够真实吗？这个理由足以给你带来幸福吗？如果是，一定要记得说出来！同时，一定要表达感谢，因为是他或她给了你甜蜜的时刻。

对于未婚且当前处于单身状态的同事，不管你曾经是否有过美好的情感经历，这个日子你需要的是反思：反思自己的过去，反思自己的未来，更要反思自己的现在，并且从反思中理清事实，然后再基于这些事实信息去制定一个告别单身的目标，从明天——2月15日开始，付出行动吧！

最后，2月14日我还希望各位，给你的父母打个电话吧。在今天2月14日这个特殊的日子里，不要说这个节日跟你的父母没有关系，这不仅是一个情人节，更是一个感恩节，因为无论从这个节日中你获得了快乐或痛苦，能够让我们有这种生命体验的是我们的父母。我们需要带着感恩的心态去感恩于让我们今天或庆祝或反思的人，不管他们是否曾经伤害过我们。

——享受快乐的同事：陈中来

写于2012年情人节到来之夜

管理者的必修课

——卓越管理者的 10 项修炼

【课程背景】

在您的企业中，是否有这样的管理困境：

- 我们总是把最优秀的业务或技术型员工提升到相对应的管理岗位，但却总不能如愿以偿，我们得到的往往是一个平庸的经理，而失去的却是一个优秀的员工；
- 多数管理者属于“技术型”或“业务型”管理者，重业务、重技术、重细节……一句话，非常重视任务的完成，可就是不注重结果，自己很辛苦，但上司却不满意；
- 管理人员没有真正认知自己的角色，对于自己的定位只是“上传下达”，导致战略变形、执行不力、结果不佳、绩效不高；
- 管理者自己忙得不可开交，而员工却总是闲着等你分任务、给指标，到底是管理者沟通不够，还是员工不够自动自发？
- 管理者经常要替自己的员工“背黑锅”，是真的在履行自己的责任，还是你的管理不到位所致？

《管理者的必修课——卓越管理者的 10 项修炼》课程是专门为企业新晋管理者或从事技术及业务成长起来的管理者而设的一门课程，本课程从身份定位、管理认知、管理思维、管理技能四个角度全面透析管理者的角色、责任与使命，并通过体验式的训练方式纠正管理者的不良管理行为。

【课程内容架构】

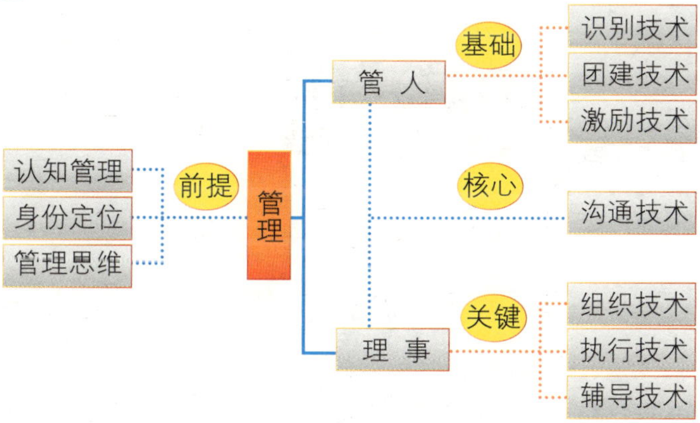

【实施说明】

- 本课程为系统课程，分 4 个阶段实施，每个阶段 2 ~ 3 天。
- 对象：新晋管理者、中层管理者。
- 标准人数：40 人。

品牌课程

下属培养课程

——管理者的教练技术

【课程背景】

如果说管理更多的是“针对”员工进行工作的话，那么教练技术则是“为了”员工进行工作；如果说管理更多是以解决问题为导向的单赢策略的话，那么教练则真正实现了以目标为导向的双赢策略。

教练技术是透过当事人的演绎空间，通过有效的互动与对话，启发和引导对方去进行思考、反思、检测和确认，让对方在思考中把问题转换成行动目标。在这个过程中，员工的意愿得到了改善、能力得到了提升，而管理者则实现了帮助下属和辅导下属成长的作用。

《下属培养课程——管理者的教练技术》课程是专门为企业的中、高层管理者进行设计的一门课程。该课程不仅是一门新颖的教练技术课程，同时也是管理技能提升课程。它帮助学员运用教练技术提升个人的影响力，提升下属的责任感，改善自己的领导风格，从而成为“善于取出下属智慧”的管理者。

【课程内容架构】

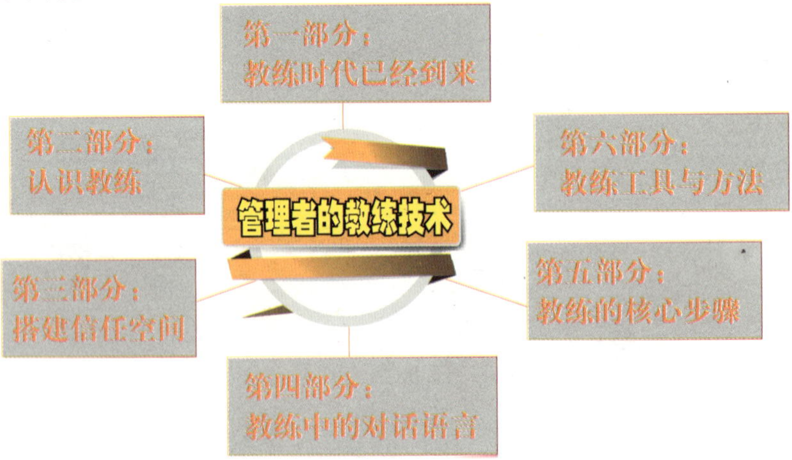

【实施说明】

- 本课程为系统课程，分 2 个阶段实施，每个阶段 2 天。
- 对象：企业中、高层管理者。
- 标准人数：30 人。

品牌课程

360° 领导力提升课程

【课程背景】

作为一名管理者，我们需要非常清晰地理解并认同一点：管理的本质就是通过各种有效手段去影响他人，而不是改变他人产生行动。这就要求我们这些以权利为传统管理工具的管理者们从权利中走出来，更多的应用非权利手段去影响他人。

这一点在当前的管理环境下显得尤为紧迫和重要。随着 80 后和 90 后的员工不断加入职场，对传统管理者而言，无论是管理的环境（网络时代所带来的变化）还是管理的对象（高学历、高智商、高独立、高个性）都已经发生了变化，我们如何通过修炼自我、调整自我，从管理走向领导力、从改变走向影响、从权利走向非权利，是摆在我们每一个管理者面前的一道新课题。

《360° 领导力提升课程》从接触领导力、行为领导力、情境领导力、水性领导力四个大的维度，全面阐述了如何修炼自我、影响他人、引领团队去工作，本课程对于企业的中、高层管理者而言，将同样是一门必修课。因为对我们而言：无论是愿意还是不愿意，都不可否认的一点是：领导力时代已经到来！

【课程内容架构】

360° 领导力提升

第一部分：领导力基本认知

管理、领导与领导力
领导力的来源
领导力提升的四大误区

第二部分：行为领导力——通过修炼自我行为从而提升自己影响他人的能力

行为 1：以身作则　行为 2：共启愿景
行为 3：挑战现状　行为 4：激励人心
行为 5：使众人行

第三部分：情境领导力——通过评估下属的成熟度来调整自己的管理风格，从而有效影响他人的能力

情景 1：高意愿低能力——单向指令型
情景 2：中意愿中能力——教练辅导型
情景 3：高能力低意愿——鼓励参与型
情景 4：高意愿高能力——充分授权型

第四部分：水性领导力——通过识别自我和他人的特质来调整自己的管理风格，从而有效影响他人的能力

领导风格 1：力量型特质
领导风格 2：交际型特质
领导风格 3：稳健型特质
领导风格 4：思考型特质

【实施说明】

- 本课程为系统课程，分 3 个阶段实施，每个阶段 2 天。
- 对象：新晋管理者、中层管理者、高层管理者。
- 标准人数：40 人。

品牌课程

TTT

——企业内部培训师培训课程

【课程背景】

在您的组织中有没有这样的问题或困惑存在：

- 外部的培训老师成本很高，授课时间短，授课内容过于通用，与企业的结合度不高，缺乏对企业必要的了解，导致授课有效时间短，授课过程很激动，听完很冲动，回去以后一动不动；
- 涉及到生产、工艺、流程、技术、研发等课程没有适合的外聘讲师，只能靠内部讲师来完成，但内部讲师欠缺表达和演绎能力，虽然技术能力超强，但往往就是“茶壶里煮饺子——倒不出来”，所以，传播起来很困难，只能靠“师傅带徒弟”的传统方式去复制人才，效果虽然不错，但效率偏低；
- 虽然企业内部有讲师，但由于缺乏必要的讲师培训，课程开发缺乏需求导向，课件制作也不够标准化，导致把培训当成了任务，效果并不是很好；
- 由于对成人学习心理缺乏了解，所有的内容都是以“讲”为主，没有对培训内容进行知识类、观念类、技能类的细分和定位，导致教学手法单一。

《TTT——企业内部培训师培训课程》专门为企业内部培训师设计，该课程通过系统的课程逻辑、有效的教学方法、实用的教学工具来提升企业内训师的教学能力，具有非常高的实用性。

【课程内容架构】

课程核心架构

第一模块：观念篇——
培训师应建立的基本认知与角色定位

第二模块：识别篇——
成人学习心理分析

第三模块：转换篇——
从传统教育走向成人培训

第四模块：开发篇——
基于成人学习心理下的课程开发

第五模块：升华篇——
问题提问及引导技巧

第六模块：呈现篇——
形神兼备的呈现技巧

【课程实施说明】

- 课程时间　初级班：2 天（一、二、三、六，共计四个模块）；
  中级班：4 天（一、二、三、四、六，共计五个模块）；
  高级班：6 天（一、二、三、四、五、六，共计六个模块）。
- 课程对象：企业内训师或立志于从事培训工作的人员。
- 标准人数：30 人。